程梓晗　赵德双／著

基于时间反演电磁成像的无源互调源定位方法研究

Approach Research on Localization of Passive Intermodulation
Sources Based on Time Reversal Electromagnetic Imaging

U0223218

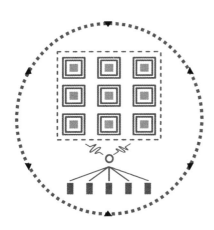

电子科技大学出版社
University of Electronic Science and Technology of China Press

·成都·

图书在版编目（CIP）数据

基于时间反演电磁成像的无源互调源定位方法研究／
程梓晗，赵德双著. -- 成都：成都电子科大出版社，
2025.1. -- ISBN 978-7-5770-1225-4

Ⅰ. TN971

中国国家版本馆 CIP 数据核字第 2024X9B206 号

基于时间反演电磁成像的无源互调源定位方法研究

JIYU SHIJIAN FANYAN DIANCI CHENGXIANG DE WUYUAN HUTIAOYUAN
DINGWEI FANGFA YANJIU

程梓晗　赵德双　著

出 品 人　田　江
策划统筹　杜　倩
策划编辑　罗　雅　于　兰
责任编辑　雷晓丽
责任设计　李　倩
责任校对　卢　莉
责任印制　梁　硕

出版发行　电子科技大学出版社
　　　　　成都市一环路东一段 159 号电子信息产业大厦九楼　邮编　610051
主　　页　www.uestcp.com.cn
服务电话　028-83203399
邮购电话　028-83201495

印　　刷　成都久之印刷有限公司
成品尺寸　170 mm×240 mm
印　　张　10
字　　数　149 千字
版　　次　2025 年 1 月第 1 版
印　　次　2025 年 1 月第 1 次印刷
书　　号　ISBN 978-7-5770-1225-4
定　　价　70.00 元

序

FOREWORD

当前，我们正置身于一个前所未有的变革时代，新一轮科技革命和产业变革深入发展，科技的迅猛发展如同破晓的曙光，照亮了人类前行的道路。科技创新已经成为国际战略博弈的主要战场。习近平总书记深刻指出："加快实现高水平科技自立自强，是推动高质量发展的必由之路。"这一重要论断，不仅为我国科技事业发展指明了方向，也激励着每一位科技工作者勇攀高峰、不断前行。

博士研究生教育是国民教育的最高层次，在人才培养和科学研究中发挥着举足轻重的作用，是国家科技创新体系的重要支撑。博士研究生是学科建设和发展的生力军，他们通过深入研究和探索，不断推动学科理论和技术进步。博士论文则是博士学术水平的重要标志性成果，反映了博士研究生的培养水平，具有显著的创新性和前沿性。

由电子科技大学出版社推出的"博士论丛"图书，汇集多学科精英之作，其中《基于时间反演电磁成像的无源互调源定位方法研究》等28篇佳作荣获中国电子学会、中国光学工程学会、中国仪器仪表学会等国家级学会以及电子科技大学的优秀博士论文的殊誉。这些著作理论创新与实践突破并重，微观探秘与宏观解析交织，不仅拓宽了认知边界，也为相关科学技术难题提供了新解。"博士论丛"的出版必将促进优秀学术成果的传播与交流，为创新型人才的培养提供支撑，进一步推动博士教育迈向新高。

青年是国家的未来和民族的希望，青年科技工作者是科技创新的生力军和中坚力量。我也是从一名青年科技工作者成长起来的，希望"博士论丛"的青年学者们再接再厉。我愿此论丛成为青年学者心中之光，照亮科研之路，激励后辈勇攀高峰，为加快建成科技强国贡献力量！

中国工程院院士

2024 年 12 月

前　言

PREFACE

　　5G 技术的广泛应用和 6G 技术的探索研究，为无线通信领域带来了前所未有的挑战和机遇。在无线通信技术高速发展进程中，无源互调干扰问题日益凸显，已成为制约现代无线通信系统性能提升的关键因素之一，其中，辐射式无源互调干扰主要来源于在相控阵天线等基站天线中的非线性效应处生成的辐射源。为了解决辐射式无源互调源精准成像定位的问题，时间反演技术因其在复杂电磁环境中的自适应"空－时同步聚焦"能力而成为重要的研究方向。

　　本书是时间反演技术面向辐射式无源互调源定位的新型成像方法的系统总结，全书主要分为四个部分。第一部分为"无源互调背景与时间反演电磁成像基础"，包括第一章和第二章，重点阐述辐射式无源互调源的基本概念及其生成原理，概述时间反演电磁成像技术的起源、发展和现状。第二部分为"新型时间反演电磁成像定位方法"，包括第三章、第四章和第五章，系统介绍级联时间反演成像、基于截断时间反演算子成像，以及基于最优截断空频算子成像方法，理论研究结果表明这些方法在提高成像精度、降低计算复杂度及抑制伪像方面取得了显著的进展。第三部分为"辐射式无源互调源成像定位实验"，即第六章，实验验证了上述方法的有效性和可行性。第四部分为"总结与展望"，即第七章，总结上述方法在极端条件下的性能缺陷性，展望研究更为系统、更为全面的科学解决方案。为了表达的准确性，同时考虑受众的阅读习惯，本书中部分图保留了原文献中的英文表达。

　　本书适合对时间反演电磁学、信号处理、矩阵分析等领域感兴趣的研究人员阅读，希望本书能够为读者提供对时间反演技术的深入理解，激发新型成像与定位方法的研究思路，完善时间反演电磁理论体系，提升时间反演技术在更多成像场景中的应用价值。尽管本书对面向辐射源成像定位问题提出了相应的解决方案，但由于作者水平有限，书中的内容可能仍有不足之处，需要进一步的改进和完善。

作　者

2024 年 10 月于电子科技大学

目录
CONTENTS

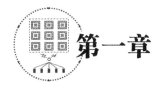

第一章

绪　论

1.1　研究背景与意义

面对 5G、6G 无线通信的巨大应用需求，现代无线通信系统正朝着高功率、大容量、多载波、低延迟以及宽带化方向高速发展。然而，更多正交载波数、更高射频功率、更宽频带的无线通信系统，更容易寄生无源互调（passive intermodulation，PIM）干扰[1,2]。PIM 指的是多路信号经过非线性无源器件或在其他非线性效应处混合在一起，从而产生的交调杂散干扰信号，这对无线通信系统性能影响十分严重。例如，在相控阵的基站天线应用中，一旦 PIM 的交调产物在相控阵接收频段内，那么接收机的灵敏度则会降低，从而导致通信质量的恶化。因此，PIM 现已成为制约现代无线通信系统进一步高速发展的重要因素。

一般而言，PIM 干扰可分为传导式无源互调（conducted PIM，C-PIM）干扰和辐射式无源互调（radiated PIM，R-PIM）干扰[3]。C-PIM 干扰主要指的是由于接触不良等接触非线性产生，然后在射频（radio frequency，RF）链路上进行前向和后向的传播，常发生于相控阵组件中同轴链接器、功分器、耦合器等其他非线性器件链接处[4]。此外，由于微带传输线或同轴电缆与基底的非完美接触也会产生 C-PIM 干扰[5-7]，如图 1-1 所示。此时，对于 C-

PIM 干扰的检测通常只需要关注此类非线性器件相连的地方，或链路上的检测，相对地明确其大致位置。

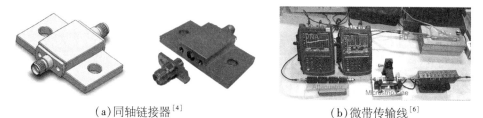

（a）同轴链接器[4]　　　　　　　　　　　（b）微带传输线[6]

图 1-1　RF 链路中的 C-PIM 干扰

R-PIM 主要是在相控阵等其他辐射式组件中产生。由于相控阵阵列单元或其他辐射结构的辐射[8,9]，所以在天线辐射振子、辐射式组件表面的金属表皮凸起或凹陷、灰尘等污染处、组件内部结构突变点等具有非线性特征的地方便形成了 R-PIM 源，从而产生 R-PIM 干扰信号，R-PIM 的激发机制与实验测试原理如图 1-2 所示。C-PIM 一般仅局限于非线性器件链接处或链路上，而 R-PIM 源可产生于相控阵组件内部中或表面上的多个未知地方，且相控阵组件内部结构和电磁环境均较为复杂，这使得相控阵中 R-PIM 源的定位方法的研究仍面临着全新的、巨大的理论和技术挑战。

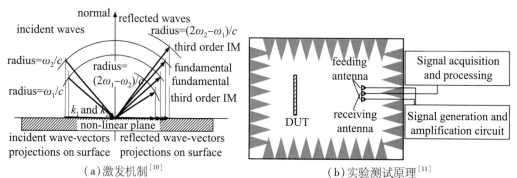

（a）激发机制[10]　　　　　　　　　　　（b）实验测试原理[11]

图 1-2　非线性效应处 R-PIM 干扰

时间反演技术因在复杂电磁环境中优异的自适应"空-时同步聚焦"物理特性[12]，非常有望成为解决相控阵中 R-PIM 源定位的新途径。结合时间反演技术，面向相控阵中 R-PIM 源的精准、快速、超分辨新型电磁成像与定位方法的深入探索与研究，不仅能实现电磁成像技术在现代无线通信系统中 PIM 研究的应用拓展，同时对现代无线通信系统的性能增强有着积极的

科学研究意义；而且能进一步地促进时间反演理论体系的完善，实现时间反演技术在辐射源目标等更多成像场景中的应用价值提升。

1.2 国内外研究现状

1.2.1 辐射源定位技术概述

辐射源的探测、跟踪、测向、诊断与定位技术在诸多工业领域有着广泛的应用需求，例如，无线传感节点网络源定位[13-19]、星载导航系统干扰源估计[20-27]、外辐射源雷达目标检测[28-30]、震源估计[31-34]、电磁兼容(electromagnetic compatibility，EMC)诊断[35-42]、麦克风声源定位[43-55]等领域。

常见的辐射源定位技术主要通过源信号提取出物理参数，进而利用该参数估计出辐射源的位置。一般的参数估计指的是到达时间差(time difference of arrival，TDOA)和到达频率差(frequency difference of arrival，FDOA)。TDOA定位技术是通过辐射源信号因传输路径的不同在多个接收机上产生的接收时间差，产生定位分布曲线，而若干TDOA定位分布曲线理论上可相交于一点，该交点位置即为辐射源位置[25,45,56]；而FDOA测量定位技术通过接收机和辐射源定位目标的相对运动产生的接收频率差，又称为多普勒频差，实现辐射源的定位[57-59]。TDOA定位技术计算速度快，定位精度较高，而FDOA可同时捕捉辐射源运动信息和位置信息，在移动辐射源目标定位上具有优势。然而，在复杂的电磁环境中，TDOA和FDOA易出现定位模糊乃至定位错误的情况。为实现近场复杂电磁环境中的辐射源定位，近些年，在EMC领域，基于近场扫描的电磁干扰(electromagnetic interference，EMI)诊断技术得以发展[37]，该技术利用通过扫描近场感应区

的幅相信息，并以此实现等效辐射源的重构方法。近场扫描方式可分为探头阵列扫描和单探头扫描，分别如图 1-3（a）和 1-3（b）所示。探头阵列扫描高效但不灵活，且在高分辨要求下，阵列探头与探头之间的耦合不容忽视；单探头扫描更具灵活且精度较高，但同样地，在高要求的空间分辨率上对于探头的小型化要求较大；扫描效率较低同时也需要机械臂辅助，实验要求较高。如图 1-4 所示为单探头式 EMI 平面近场幅相扫描平台。

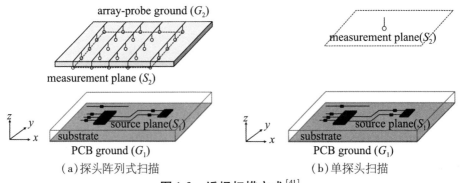

（a）探头阵列式扫描　　　　　（b）单探头扫描

图 1-3　近场扫描方式[41]

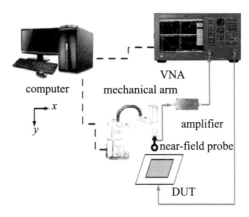

图 1-4　单探头式 EMI 平面近场幅相扫描平台[42]

20 世纪 80 年代以来，时间反演技术在学术界受到广泛的关注和研究。时间反演技术最早可追溯至声学领域，在医学诊治（结石粉碎、组织超声聚焦等）[12,60,61]、水下通信[62-66] 以及水下声源定位[67]-[68] 等领域已率先展开应用研究。近些年来，时间反演技术被推广至高速无线通信[69-76]，聚焦无线输能[77-83]、地下勘探和震源估计等地球科学研究[84-88]，无损检测[89-91]、医

疗电磁成像[92-95]、辐射源重构[96,97]等电磁学应用领域。时间反演技术本身是一种信号处理手段，是将时域接收信号进行时间反置的逆序排列，在频域上可理解为其傅里叶变换后频域信息的相位共轭。具体可分为两个阶段实现时间反演：第一阶段为前向散射传播阶段，即辐射源辐射出时域信号，经复杂媒质中散射、反射、衍射等多径传播至时间反演腔（time reversal cavity，TRC），此阶段为前向多径传播阶段；第二阶段为反演回传阶段，TRC 将记录的时域信号进行反转，即时域逆序操作，并将反转激励信号同时回传辐射至同一媒质空间中，经过与前向多径传播过程中一致的传播路径，使得反转后的辐射信号将在初始辐射源或目标处实现自适应的空间聚焦。一般而言，无耗媒质的波动方程都是关于时间对称的，任意电磁辐射源的波动均存在对称的时间反演信号解，该时间反演信号解对应的波会沿着原传播路径传播，并同时自适应地返回到原辐射源或目标的初始位置。在无须空间媒质、目标散射体或辐射源的先验知识的前提下，便可消除散射、反射、衍射等传播带来的信号多径延迟衰减（频域上表示为相位差），并将各 TRC 接收信息回传辐射能量同时聚焦于目标处，实现时间反演信号的时域压缩与空域聚焦，即"空-时同步聚焦"物理特性[98,99]。目前，国内外学者已从理论、仿真、实验等多角度出发对时间反演的"空-时同步聚焦"这一内在物理特性进行了详细的研究[60,77,81,92,93]，极大地推动了时间反演技术应用的发展。凭借该自适应的"空-时同步聚焦"机制，基于时间反演技术的成像方法在面向相控阵复杂电磁环境中的 R-PIM 源定位应用中展现出极强的可行性。

1.2.2 时间反演镜成像的发展

理想条件下，时间反演完美的自适应"空-时同步聚焦"机制，来源于全封闭的 TRC。但在面向实际的时间反演技术应用中，全封闭的理想 TRC 往往无法实现，通常只能采用非理想的、具有有限口径面的时间反演镜（time reversal mirror，TRM），该概念最早由法国巴黎第七大学的物理学教授

Fink 于 1992 年提出[12]。TRM 是光学相位共轭镜（phase conjugated mirror，PCM）的应用扩展 1001，但后者一般只适用于单频点信号，而前者可适用于单频点信号，也可适用于宽带或超宽带信号。TRM 对接收的超宽带脉冲信号直接进行时域上的逆序操作，并合成回传、辐射至原媒质中，随后计算成像区域中的空间电场或磁场强度分布，该方法称为时间反演镜成像法（time reversal mirror imaging，TRMI）[101-103]，其具体成像示意图如图 1-5 所示。2005 年，Rappaport 教授及其团队利用时域有限差分法（finite-difference time-domain，FDTD）建立二维和三维乳腺肿瘤目标探测数值仿真模型，实现了在复杂电磁环境中的 3 mm 肿瘤目标的 TRMI 精准成像[92-94]；同年，Carin 课题组开展了杂波环境下的导电金属圆柱体的 TRMI 目标成像实验研究。与此同时，他们进一步在大量金属丝构筑的未知且多径媒质和动态变化媒质背景中开展了辐射源目标的 TRMI 成像实验[103-105]。

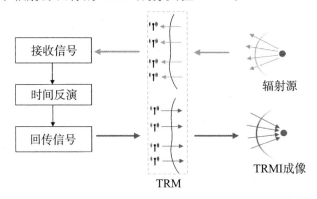

图 1-5　TRMI 方法示意图[103]

为了增强在 TRMI 成像中的目标处聚焦效应或聚焦能量，Fink 教授及其团队在 TRMI 基础上，提出了迭代时间反演镜成像方法（iterative time reversal mirror imaging，I-TRMI），多次信号接收、多次信号反转、多次信号回传，使得反转回传信号在目标处产生更为收敛聚焦的光斑，同时抑制了由于非完美的 TRM 导致的回波空时旁瓣[106-108]。然而，在复杂电磁环境中的背景散射强度与目标散射强度或辐射源辐射强度的量级一致，或背景散射强度更高时，I-TRMI 中的迭代操作可能会使得成像图中，在非目标或辐射源处形成伪聚焦光斑，从而造成目标成像的判断失准。为解决复杂电磁环境中

强背景散射导致的成像误判问题，2008 年，Moura 教授及其团队研发出了基于时间反演的自适应干扰消除技术（time reversal imaging by adaptive interference canceling，TRAIC）[109]。该方法通过在观测成像区域中先后测量无目标和有目标的散射信号，并将后者散射信号与前者散射信号相减，以此获取近似的纯净目标散射信号，有效地将 TRM 的接收信号进行了目标散射或辐射信号和背景散射信号的区分。

当观测区域中存在若干个散射目标或辐射源需要成像定位时，TRMI、I-TRMI 和 TRAIC 成像图中易出现"远、弱目标淹没"问题。例如，当多目标与 TRM 距离差异较大时，反转信号在近目标的回传强度相较于远目标更大。当使用 I-TRMI 方法时，由于迭代操作使得近目标处的关于回传聚焦强度更为突出，而远目标处的回传聚焦强度受到抑制；当使用 TRAIC 方法时，远目标的弱散射信号会被误认为是背景散射信号，失去目标信息，从而丢失准确的远目标成像。

针对传统 TRMI 及其改进方法中的"远、弱目标淹没"问题，2017 年，李元奇博士基于在目标处的时域聚焦同步性原理提出了时间反演时域同步法（time reversal imaging based on synchronism，TRIS）[110-112]。TRIS 是通过评估 TRM 中各个单元或子阵的反转回传信号在观测区域中是否同步性地到达时域波形最高峰值，从而判断该位置是不是目标所在位置。TRIS 方法中子阵的归一化处理与成像叠加，提高了传统 TRMI 中的成像分辨率，也解决了远近、强弱散射目标在 TRMI 成像图中出现的"远、弱目标淹没"问题，如图 1-6 所示，但多子阵划分的 TRIS 实现较为繁杂。在此基础上，2020 年，宋耀良课题组提出了基于最佳时间帧（optimal time frame，OTF）的多目标时间反演镜法（multi-target time reversal mirror imaging，multi-TRMI）[113]。该方法消除了不同目标之间反转回传信号的干扰，实现统一可视的多目标探测成像。此外，国内许多大学，如电子科技大学[114,115]、华南理工大学[116]、大连理工大学[117]、南京邮电大学[118]等，近些年也相继展开了类似的基于时域反转信号回传辐射的直接时间反演成像研究。在序列较长的时域窗和尺寸较大的目标观测成像区域中，空时分布成像导致系统复杂度进一步提高，且在目标数量估计、选择性聚焦、成像分辨率方面也存在一定的技术缺陷。

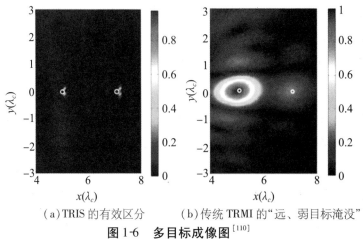

（a）TRIS 的有效区分　　　（b）传统 TRMI 的"远、弱目标淹没"

图 1-6　多目标成像图[110]

1.2.3　时间反演算子子空间成像的发展

为进一步解决多目标中"远、弱目标淹没"的问题且能够实现选择性的目标成像，20 世纪末，Prada 等人率先提出时间反演算子的思想并发展了时间反演算子分解成像方法（decomposition of time reversal operator，DORT）[119]。在该方法中，通过收发双工模式下的 TRM 阵列单元依次发射时域脉冲至观测成像区域中，并依次记录保存回波散射信号，以此获得空间-空间多静态数据矩阵（space-space multi-static data matrix，SS-MDM），从而计算出回波模式下的时间反演算子。成像系统中 TRM 阵列若仅为接收天线阵列，还需布置额外的发射阵列，TRM 阵列单元工作在单工模式时，散射信号可被称为传输散射信号，相对应地，计算而得的算子为传输模式下的时间反演算子[120]。利用奇异值分解（singular value decomposition，SVD）或特征分解（eigenvalue decomposition，EVD）对时间反演算子进行特征分解，可得到特征值对角矩阵和由若干特征向量组成的矩阵。在特征值对角矩阵中，显著特征值，一般考虑在无干扰情况下为大于零的特征值，在有干扰

情况下为大于 10% 最大特征值大小的特征值[121]，表示了目标的回波散射强弱大小，其对应的特征向量耦合了目标的位置信息，将对应的特征向量回传至观测成像区域，从而获得在散射目标处聚焦的 DORT 成像。在多目标的 DORT 成像中，依次将显著特征值的特征向量回传至观测成像区域中，便可实现多幅独立选择性聚焦的 DORT 成像图。

DORT 的思想是在观测成像区域中寻找与对应回传特征向量最为匹配的搜索离散网格点的传输函数，如果回传特征向量中相邻元素的相对相位差与目标传输函数中相邻元素的相位差一致，则两者的内积最大。因此，DORT 也可被称为场匹配法（matched field，MF）[122]，其中所利用的特征向量张成的空间被称为信号子空间。当 DORT 工作于窄带信号时，常考虑单频的中心频点 DORT（central frequency DORT，CF-DORT），一般 CF-DORT 常用 DORT 直接表示；当 DORT 工作于宽带或超宽带信号时，需将带宽内每一频点的时间反演算子进行分解获取每一频点的信号子空间，并将信号子空间内的回传特征向量按照傅里叶逆变换成时域信号并将其回传，同样在目标处形成聚焦的 DORT 成像。超宽带 DORT 也被称为时域 DORT（time-domain DORT，TD-DORT）[123,124]。DORT 的成像伪谱分布图更像是 TRM 阵列指向目标的伪谱波束，而 TD-DORT 则是在目标处形成的聚焦光斑，因此，在无 TRM 阵列单元布置的方向上，TD-DORT 的纵向分辨率要优于 DORT。由于 DORT 和 TD-DORT 的成像方式是通过特征向量与传输函数内积大小的分布以此评估观测成像区域目标位置，这会造成在目标相邻的网格搜索点处，存在较大的成像伪谱。因此，在有 TRM 阵列单元布置的方向上，即使增大 TRM 阵列口径，也无法有效地分辨多个极近距离的目标，无法进一步提高其横向分辨率。

为从原理上突破受限的成像分辨率，Devaney 等人提出时间反演多重信号分类法（time reversal multiple signal classification，TR-MUSIC）[125]。DORT 利用了信号子空间与观测成像区域中目标传输向量的共轭理论上是等价匹配这一原理进行目标成像，而 TR-MUSIC 的思想则是利用小特征值对应特征向量张成的噪声子空间与显著特征值对应特征向量张成的信号子空间的正

交性。因此，噪声子空间与目标传输向量的共轭也具有正交性，TR-MUSIC
成像便使得在目标处形成极具尖锐的伪谱峰值，在目标附近处形成伪谱凹
陷，从而能够有效区分极近多目标，实现超分辨率成像。类似地，TR-
MUSIC 也可工作于单频点，例如中心频点 TR-MUSIC（central frequency TR-
MUSIC，CF-TR-MUSIC），一般 CF-TR-MUSIC 常用 TR-MUSIC 直接表示，也
可工作于超宽带信号，即超宽带 TR-MUSIC（ultrawideband TR-MUSIC，UWB-
TR-MUSIC）[126]。2008 年，Yavuz 等人展开了时间反演算子子空间成像方法
受叠加噪声与随机媒质中杂波等干扰的性能敏感性分析研究[121]。结果表
明，DORT 和 TD-DORT 具有良好的抗噪性和抗杂性，成像鲁棒性高，但整
体成像分辨率较低；而 TR-MUSIC 成像分辨高，但在强噪声或杂波中，易出
现虚假伪谱峰像，成像鲁棒性低；由于多频点的内积计算累加，UWB-TR-
MUSIC 提高了成像鲁棒性，但在成像分辨率方面有所弱化，如图 1-7 所示。
基于 DORT 和 TR-MUSIC 类成像方法的性能特征，2013 年，Hossain 等人结
合波束空间转换法提出了波束 DORT 和波束 TR-MUSIC 方法，进一步提高了
传统 DORT 和 TR-MUSIC 的成像抗杂性[127]。2021 年，Cheng 利用相干信号
处理将超宽带多频信息压缩并综合为单频点的中心频点信息，同时结合最
小噪声方差对观测区域至 TRM 阵列的传输矩阵进行最优化估计。实现了无
须先验信息构成的精准搜索传输矩阵，更有利于提高强干扰下的目标准确
成像[128]。

　　TR-MUSIC 和 DORT 类的成像方法，均是利用了由 SS-MDM 构建的时间
反演算子分解子空间。SS-MDM 仅包含了发射阵列单元和接收阵列单元的位
置信息，需要重复多次发射与接收，操作繁杂。在 TD-DORT 成像中，每一
采样频点处的时间反演算子分解的信号子空间将会产生与该频点相关的随
机相位，需进行相位消除的预处理步骤[122,124]，否则会影响聚焦成像的精
准度。

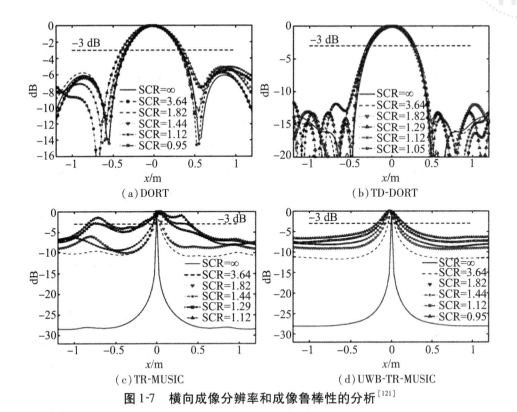

（a）DORT

（b）TD-DORT

（c）TR-MUSIC

（d）UWB-TR-MUSIC

图 1-7 横向成像分辨率和成像鲁棒性的分析[121]

1.2.4 空频响应矩阵子空间成像的发展

为了避免 SS-MDM 中的随机相位问题，德国西门子医疗解决方案中心的 Scholz 首次提出了空频多态响应矩阵（space-frequency multi-static data matrix，SF-MDM）的概念[129]，并研究了基于 SF-MDM 分解的空频多重信号分类成像法（space-frequency multiple signal classification，SF-MUSIC），用于病灶的三维位置的确定和生物电参数的估计。

不同于 SS-MDM，SF-MDM 的行和列分别表征为接收阵列单元的位置和接收信号的采样频点。同样地，利用 SVD 对 SF-MDM 进行分解，奇异值对角矩阵耦合了目标散射强度，显著奇异值则对应了目标数，左奇异向量构成的矩阵包含了目标的位置信息，右奇异向量包含了目标辐射或散射信号的频率信息。无须进行额外的随机相位消除，直接将显著奇异值对应的左奇异向量和右奇异向量耦合、傅里叶逆变换便可获得用于回传辐射的相干阵列激励信号。根据这一原理，2008 年，Yavuz 等人提出并研究了空频 DORT 成像法（space-frequency DORT，SF-DORT）[130]，基于全 SF-MDM 和单 SF-MDM 的 SF-DORT 在均匀和随机介质中均具有良好的成像鲁棒性。

与 SF-MUSIC 相比，由于 SF-DORT 的横向成像分辨率较低，因此，国内外学者进一步对 SF-MUSIC 及其改进形式的性能分析展开了研究。2014 年，Bahrami 提出基于频率-频率响应矩阵的多重信号分类法（frequency-frequency multiple signal classification，FF-MUSIC）[131]，推进仅利用单天线单元实现多目标超分辨成像的可能，有利于减少系统硬件复杂度。为消除多频点导致的高计算复杂度，2015 年，钟选明等人扩展了等效单频点的 SF-MUSIC 成像方法[132]，并验证了 SF-MUSIC 的抗噪性优于传统的 TR-MUSIC。2019 年，呼斌等人提出了权重 SF-MUSIC[133]，提高了传统 SF-MUSIC 在强干扰中的成像稳定性，如图 1-8 所示；次年，同课题组结合传播算子法（propagator method，PM）提出了空频传播算子法（space-frequency propagator method，SF-PM）[134]，该方法无须 SVD 分解，降低了计算复杂度和成像运行时间，但 SF-PM 中需利用最小二乘法对噪声子空间进行估计，在较强干扰中可能产生较大的估计误差，增大了成像定位误差。

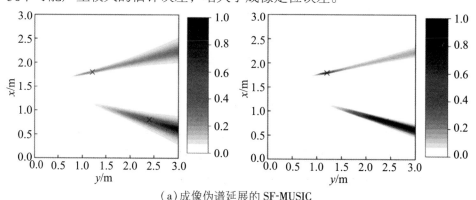

（a）成像伪谱延展的 SF-MUSIC

图 1-8　成像鲁棒性分析[133]

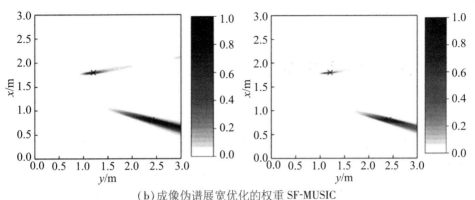

（b）成像伪谱展宽优化的权重 SF-MUSIC

图 1-8　成像鲁棒性分析[133]（续）

　　综合国内外时间反演成像技术的发展，总体而言，传统时间反演技术成像方法可分为直接时域信号反转回传的 TRMI 类成像与响应矩阵分解的子空间成像，如图 1-9 所示。尽管时间反演技术在面向相控阵 R-PIM 源成像定位的应用中有着一定的技术可行性，依然存在以下问题：（1）复杂电磁环境与强干扰中 R-PIM 源成像失准问题；（2）大阵列应用中，子空间成像分解的计算复杂度高问题；（3）单静态数据无法分离多 R-PIM 源独立空间信息问题。笔者的研究内容就是重点针对上述问题，在传统的时间反演成像方法的基础上，探索基于时间反演成像的 R-PIM 源定位新型方法，不仅能解决相控阵中 R-PIM 源快速、精准、超分辨的定位需求，而且能使得时间反演技术在更多成像定位应用场景下均具备适用性。

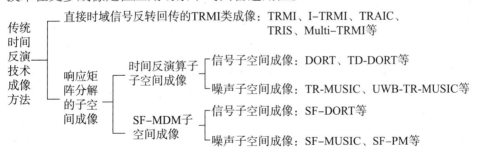

图 1-9　传统时间反演技术成像方法

1.3 主要贡献与创新

笔者以相控阵天线中的 R-PIM 源为研究对象，对基于时间反演成像的 R-PIM 源定位的新型方法展开研究，其主要创新点与贡献如下。

（1）提出了一种精准且"清洁"成像的 R-PIM 源定位方法，即多频级联时间反演-多重信号分类法（multiple-frequency cascaded time reversal multiple signal classification，MCTR-MUSIC），解决了复杂电磁环境中成像伪峰与"脏图"等造成的成像失准问题。在多散射、反射、衍射的复杂电磁多径环境中，传统时间反演算子子空间成像易产生伪峰，或者使在非 R-PIM 源目标处的成像伪谱较大，难以有效地分辨出准确 R-PIM 源的位置。

MCTR-MUSIC 成像方法将多张归一化伪谱图像进行级联相乘，始终在 R-PIM 源目标位置保持较大成像伪谱值，同时抑制非 R-PIM 源目标位置处的成像伪谱近乎为零。该方法提供了干净的成像伪谱图，消除由于成像伪峰、成像"脏图"带来的 R-PIM 源位置估计误判，具有精准成像定位的特点。

（2）提出了一种快速的 R-PIM 源目标定位的时间反演成像方法，即基于截断时间反演算子（truncated time reversal operator，TTRO）的低复杂度子空间成像。解决了传统时间反演子空间成像面临的高计算复杂度、成像耗时久的问题，提高了相控阵天线中 R-PIM 源的检测效率。基于传统时间反演算子分解的子空间成像，包括 DORT、TR-MUSIC 及其多频表达，均要求对全时间反演算子进行特征分解或奇异值分解，以便分别获取信号子空间及噪声子空间。随着 TRM 阵列单元的增多，传统全时间反演算子子空间的获取使得矩阵分解的计算复杂度呈非线性快速增长，导致成像运行时间耗费严重，最终影响 R-PIM 源目标的定位检测效率。

TTRO 子空间成像方法有两方面特点：一方面，该方法直接利用正交矩形分解（quadrature rectangle decomposition，QRD）对降维的 TTRO 进行分解以获取正交的 Q 矩阵，通过理论推导证明了 Q 矩阵可等效为利用 SVD 分解全时间反演算子的 U 矩阵，同样可将 Q 矩阵划为信号子空间和噪声子空间，并分别用于基于信号子空间的截断时间反演算子分解法(decomposition of truncated time reversal operator, DORTT)和基于噪声子空间的截断时间反演算子多重信号分类法(truncated time reversal operator multiple signal classification, TTRO-MUSIC);另一方面,该方法通过线性传播算子对 TTRO 进行噪声子空间的估计,用于基于传播算子的截断时间反演算子估计成像法(propagator method multiple signal classification, PM-MUSIC)。相比于传统子空间成像法,TTRO 子空间成像方法具有快速成像定位的优势。

(3)提出了一种基于单静态数据的 R-PIM 源成像定位方法,即基于最优截断空频算子的多重信号分类法(optimal truncated space-frequency-operator multiple signal classification, OTSF-MUSIC),解决了实际应用中单静态响应矩阵在多 R-PIM 源目标定位失效的问题。R-PIM 源辐射信号有概率为线性相关的信号使得接收数据常为单静态数据;在多个 R-PIM 源成像定位应用中,利用单静态影响矩阵分解将无法准确分离出多个 R-PIM 源,使得基于全时间反演算子和 TTRO 的子空间成像法失效。在 OTSF-MUSIC 方法中,先利用 TRM 接收一次数据构建 SF-MDM,并计算最优截断空频算子(optimal truncated space frequency-operator, OTSF),再通过线性传播算子对 OTSF 进行噪声子空间的估计,实现基于单静态数据成像的多个 R-PIM 源定位。

1.4 结构安排

本书面向相控阵 R-PIM 源的成像与定位方法研究中的关键问题,研究的技术路线图如图 1-10 所示。

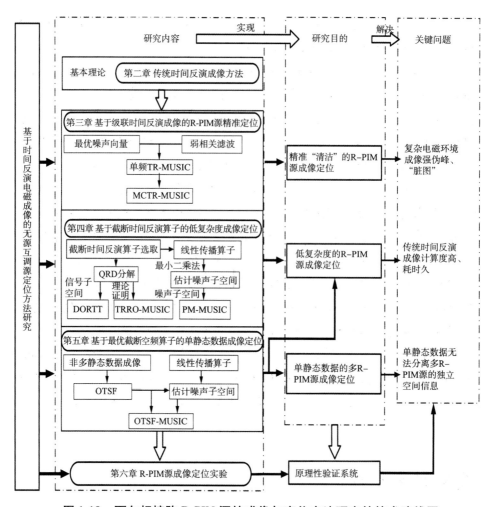

图 1-10　面向相控阵 R-PIM 源的成像与定位方法研究的技术路线图

本书共分为七章，各章内容框架如下。

第一章为绪论。该章首先论述了本文的研究对象、背景及意义，阐明了相控阵天线中 R-PIM 源定位的必要性；其次概述了几种辐射源成像与定位技术的发展动态，重点关注了时间反演技术的起源、发展及国内外在其成像领域的研究现状，总结了时间反演成像在复杂电磁环境中辐射源目标成像定位的优势；最后，总结了本书的贡献与创新并给出了各章内容框架。

第二章为传统时间反演成像方法。该章主要讨论了传统的 TRMI、DORT、TR-MUSIC、SF-DORT 和 SF-MUSIC 成像原理；同时对比分析并总结

了这几种方法的成像性能，为后续基于时间反演成像的 R-PIM 源定位的新方法研究夯实了理论基础。

第三章为基于级联时间反演成像的 R-PIM 源精准定位。在该章中提出了一种 MCTR-MUSIC 的高精度"清洁"成像方法。首先，建立起基于主动辐射式 R-PIM 源的信号传播模型，计算出均匀采样频点的时间反演算子；其次，通过弱相关滤波（weakly correlation filter，WCF）优化多频点数据矩阵，并研究了每一优化频点时间反演算子的最优噪声向量，随后构建 MCTR-MUSIC 成像函数；最后，通过数值仿真实例重点讨论了在复杂电磁环境中，MCTR-MUSIC 的单个、多个和极近的 R-PIM 源目标成像、计算复杂度以及成像定位精度。数值仿真结果表明，MCTR-MUSIC 通过级联相乘增强目标处谱值，并有效地抑制因噪声、多散射等复杂环境引起的非目标处的高伪谱值与伪峰。

第四章为基于截断时间反演算子的低复杂度成像定位。在该章中提出了基于 TTRO 分解和估计的子空间快速成像方法。首先，基于被动辐射式 R-PIM 源信号传播模型，分析了 TTRO 及其选取策略。其次，利用 QRD 对 TTRO 进行分解，理论推导及证明了从降维 TTRO 分解而来的两个子空间与目标传输函数共轭也分别具有一致性与正交性；同时，利用线性传播算子实现了 TTRO 的噪声子空间估计。再次，基于上述若干子空间，分别建立了 DORTT、TTRO-MUSIC 及 PM-MUSIC 的成像函数。最后，通过数值仿真结果表明上述方法仅利用降维的 TTRO 而非全时间反演算子，解决了传统全时间反演算子子空间成像方法的非线性增长的高计算复杂度及耗时巨大问题，并确保了相对可靠的高精度成像定位。

第五章为基于最优截断空频算子的单静态数据成像定位。在该章中，为解决第三章和第四章中所提出的方法面临着单静态数据无法分离多个 R-PIM 源独立的空间信息矢量的问题，面向更为实际的 R-PIM 源成像定位，提出并研究了基于单静态响应矩阵的 OTSF-MUSIC 成像方法。首先，基于单静态响应矩阵的 R-PIM 源成像定位模型计算了 OTSF；其次，利用线性传播算子方法实现对 OTSF 的噪声子空间估计，并建立了 OTSF-MUSIC 的成像函数；最后，通过数值算例重点从计算复杂度、成像分辨率及成像定位精度与 SF-MUSIC 进行对比分析。结果表明，OTSF-MUSIC 实现了单静态数据在多个 R-PIM 源的成像定位应用，并且极大地减小了 SF-MUSIC 中的计算复杂度。

第六章为 R-PIM 源成像定位实验。在该章中，设计了以双极化天线为单元的 TRM 阵列及用于模拟 R-PIM 源的套筒天线，搭建了 R-PIM 源成像定位实验平台。并以此开展半封闭金属腔体内的 R-PIM 源成像定位实验研究，验证了第三章、第四章、第五章所提出的新型时间反演成像在 R-PIM 源定位应用中的可行性与有效性。

第七章为总结与展望。总结基于时间反演成像在 R-PIM 源定位方法研究中所取得的具有一定创新性的成果，并对未来的研究方向进行了展望。

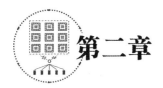

第二章

传统时间反演成像方法

得益于独特的"空-时同步聚焦"物理机制，时间反演技术有望在复杂电磁环境中实现 R-PIM 源的精准成像定位。因此，本章详细地阐述了传统时间反演成像方法并分析了其成像优缺点。

2.1 时间反演镜成像

TRMI 指的是利用 TRM 阵列将接收信号回传至成像介质中，TRM 阵列各单元辐射信号在成像区域中直接叠加，从而实现成像[102]。考虑由 N 个相同天线阵元组成 TRM 阵列，所有阵列单元均为双工工作模式，第 n 个 TRM 阵列单元位于 $r_n(1 \leqslant n \leqslant N)$，探测空间内分布着 M 个目标散射点 $r_m(1 \leqslant m \leqslant M)$。另外，假设第一个 TRM 阵列单元 r_1 发射时域短脉冲 $s(t)$ 到成像区域中，在目标散射点 r_m 处，入射场可表示为

$$E(r_m,\ t) = s(t) \otimes G_f(r_m,\ r_1,\ t) \tag{2-1}$$

式中，$G_f(r_m,\ r_1,\ t)$ 为发射单元 r_1 到第 m 个目标 r_m 的背景时域格林函数；$\otimes$ 为卷积运算符号；G_f 中的下标 "f" 取自 forward 首字母，重点突出前向散射场，通常是测量所得的背景时域格林函数。假设目标散射体之间以及目标与背景的多次散射忽略不计，即满足模型中的散射均满足玻恩近似，则第 n 个 TRM 接收单元接收到的信号可近似表示为

$$u_n(t) = \sum_{m=1}^{M} c_m s(t) \otimes G_f(r_m, r_1, t) \otimes G_f(r_n, r_m, t) \qquad (2-2)$$

式中，c_m 为第 m 个目标散射体的散射系数；$G_f(r_n, r_m, t)$ 为第 m 个目标到第 n 个阵列单元的时域格林函数。利用傅里叶变换，第 n 个 TRM 接收单元接收到的信号在频域中可写为

$$u_n(\omega) = \sum_{m=1}^{M} c_m s(\omega) G_f(r_m, r_1, \omega) G_f(r_n, r_m, \omega) \qquad (2-3)$$

时间反演在时域上是将信号逆序排列，而在频域上则是对其进行相位共轭。

对于第 n 个 TRM 接收单元，考虑将接收信号进行时间反演，即回传辐射，便可获得第 n 个 TRM 接收单元在成像区域内的频域 TRMI 成像谱分布，经傅里叶逆变换，便可获得 TRMI 的时域成像函数。因此，第 n 个 TRM 接收单元回传时域成像函数为

$$I_n(r, t=t_0) = \int (u_n(\omega))^* G_c(r, r_n, \omega) G_c(r_1, r, \omega) e^{j\omega t} d\omega \qquad (2-4)$$

式中，$t=t_0$ 为短时脉冲峰值聚焦时刻；$G_c(r, r_n, \omega)$ 和 $G_c(r_1, r, \omega)$ 分别为第 n 个 TRM 阵列单元到成像区域位置 r 和成像区域位置 r 到发射阵列单元的背景格林函数，特别地，其中的下标"c"突出用于回传全合成成像介质通过计算而得的背景格林函数。假设前向散射中测量的背景格林函数与成像中通过计算而得的背景格林函数一致，则 $G_f(r_n, r_m, \omega)$ 与 $G_c(r_n, r_m, \omega)$ 互为共轭，且满足信号通道互易性，那么有 $G_f(r_n, r_m, \omega) = G_f(r_m, r_n, \omega)$，$G_c(r_n, r_m, \omega) = G_c(r_m, r_n, \omega)$。因此，对于整个 TRM 阵列的回传辐射，TRMI 的最终成像函数即为[103,104]

$$I_{TRMI}(r, t=t_0) = \sum_{n=1}^{M} I_n(r, t=t_0) \qquad (2-5)$$

正如所描述的时间反演信号能量将会在目标处汇聚能量，在医学诊治中，结石粉碎的应用需要在诊断目标处聚焦更大的能量，因此，I-TRMI 是在 TRMI 成像原理基础上发展而来[106]的。但在多目标的应用中，目标的远近问题使得 I-TRMI 方法增强近目标而淹没远目标。为解决目标远近带来的目标淹没问题，TRIS 将每一个 TRM 单元(或子阵)回传成像区域形成的独立成像图后进行处理，使得多个目标处亮度一致，避免了远目标被淹没。

TRIS 的中心思想是通过判定 TRM 阵列中各子阵列或各单元回传激励信

号在成像区域中达到信号峰值时刻是否一致，是一种全时域方法[110]。因时间反演的"空-时同步聚焦"特性，故在目标处，该信号峰值时刻具有同步性，从而实现了目标成像定位。在 TRIS 方法中，需要记录各单元回传辐射在成像区域归一化时域信号，分别计为 $\bar{u}_1^{TR}(r,t)$，$\bar{u}_2^{TR}(r,t)$，$\cdots$，$\bar{u}_N^{TR}(r,t)$。于是，定义乘积函数[110]为

$$I(r,t) = \prod_{n=1}^{N} \bar{u}_N^{TR}(r,t) \tag{2-6}$$

对其进行时间搜索，得到峰值对应时刻 t_0 的成像域同步性空间分布，即

$$I(r,t_0(r_m)) = \max_t(M(r,t)) \tag{2-7}$$

式中，$M(r,t)$ 为成像域的时域信号变化；$\max_t(\quad)$ 为求关于变量时间 t 的最大值。因此，TRIS 的成像函数为[110-112]

$$I_{\text{TRIS}}(r) = \sum_{m=1}^{M} I(r,t_0(r_m)) \tag{2-8}$$

当多个散射强弱、距离远近目标在成像区域中时，因式(2-6)中的归一化处理，避免了 TRMI 和 I-TRMI 中的目标远近淹没问题。

2.2 基于时间反演算子的子空间成像

无论是 TRMI、I-TRMI，还是 TRIS 均是直接将时域信号反转回传，序列较长的时域窗将会使空时分布成像的复杂度加深。基于时间反演算子的子空间成像技术是为解决 TRMI 及其改进形式的不足，其主要根据分解信号传输过程中构建时间反演算子的数学模型以获取信号子空间和噪声子空间，利用信号子空间的列模拟各目标传输向量匹配成像区域传输矩阵，从而衍生了单频的 DORT 和时域 TD-DORT 等成像方法；利用噪声子空间与信号子空间的正交性，即噪声子空间与目标传输向量共轭的正交性，发展了单频的 TR-MUSIC 和多频的 UWB-TR-MUSIC 等成像方法。

2.2.1 时间反演算子

假设由 N 个相同收发天线阵元组成 TRM 阵列，探测空间内分布着 M 个目标散射点，它们的散射系数为 $c_m(1 \leqslant m \leqslant M)$。从 TRM 阵列单元依次发射信号到 TRM 阵列单元依次接收信号的总传输矩阵可由以下三部分矩阵相乘得到[119]：（1）从 TRM 发射阵列到目标散射体位置处的发射传输矩阵；（2）目标散射体的散射矩阵（假设散射为玻恩近似，即目标与目标，目标与背景之间的多次散射忽略不计），由 c_m 构成得散射矩阵；（3）从目标散射体位置处到 TRM 接收阵列的散射回传传输矩阵。

设第 n 个 TRM 单元的发射信号为 $s_n(t)(1 \leqslant n \leqslant N)$，则第 n 个 TRM 发射单元位置处到第 m 个散射体位置处的时域传输响应为 $g(r_m, r_n, t)(1 \leqslant n \leqslant N, 1 \leqslant m \leqslant M)$，第 m 个散射体位置处到第 k 个 TRM 接收单元位置处的时域传输响应为 $g(r_k, r_m, t)(1 \leqslant k \leqslant N, 1 \leqslant m \leqslant M)$。一般情况下，时间反演成像系统常为互易系统，则有

$$g(r_m, r_n, t) = g(r_k, r_m, t), \quad k = n \tag{2-9}$$

那么，第 n 个 TRM 发射单元发射信号时，第 k 个 TRM 接收单元总的接收信号 $R_{kn}(t)$ 为

$$R_{kn}(t) = \sum_{m=1}^{M} c_m g(r_k, r_m, t) \otimes g(r_m, r_n, t) \otimes s_n(t) \tag{2-10}$$

根据傅里叶变换，频域形式可写为

$$R_{kn}(\omega) = \sum_{m=1}^{M} c_m G(r_k, r_m, \omega) G(r_m, r_n, \omega) s_n(\omega) \tag{2-11}$$

则第 n 个 TRM 发射单元到第 k 个 TRM 接收单元的总传输函数 $H_{kn}(\omega)$ 为

$$H_{kn}(\omega) = \sum_{m=1}^{M} c_m G(r_k, r_m, \omega) G(r_m, r_n, \omega) \tag{2-12}$$

依次从 TRM 阵列单元发射信号，并依次从 TRM 阵列单元接收散射信号，那么传输矩阵 $\boldsymbol{H}(\omega)$ 为

$$\boldsymbol{H}(\omega) = \boldsymbol{G}_2(\omega) \boldsymbol{C} \boldsymbol{G}_1(\omega) \tag{2-13}$$

式中，$H_{kn}(\omega)$ 为位于 $\boldsymbol{H}(\omega)$ 中第 k 行、第 n 列的元素；$\boldsymbol{C}$ 为目标散射体的散

射系数矩阵；$G_1(\omega)$ 和 $G_2(\omega)$ 分别为 TRM 发射阵列到目标散射体的传输矩阵和目标散射体到 TRM 接收阵列的传输矩阵。由互易性可得

$$G_1(\omega) = \left[G_2(\omega) \right]^{\mathrm{T}} \qquad (2\text{-}14)$$

式中，$\left[\quad\right]^{\mathrm{T}}$ 为转置运算符。由于 TRM 阵列单元工作在收发双工模式下，总传输矩阵的行是 TRM 接收阵列信号接收的单元索引数，而列则是 TRM 发射阵列信号发射的单元索引数，因此该传输矩阵行向量与列向量均反映了阵列单元的位置信息，即为 SS-MDM。时间反演技术在频域上使得信号相位共轭，对于传输矩阵 $H(\omega)$，那么时间反演算子则被定义为[119,121]

$$T(\omega) = \left[H(\omega) \right]^{\mathrm{H}} H(\omega) \ \text{或} \ T(\omega) = H(\omega) \left[H(\omega) \right]^{\mathrm{H}} \qquad (2\text{-}15)$$

式中，$\left[\quad\right]^{\mathrm{H}}$ 为共轭转置运算符，即厄尔米特矩阵。

2.2.2 单频时间反演算子子空间成像

经参考文献[135]证明，假设目标散射体良好分辨，那么时间反演算子分解的特征值和特征向量分别反映出目标散射体散射特性和位置信息。时间反演算子的特征值为 $\mid c_m \mid^2 \left[\sum_{n=1}^{N} \mid G(r_n, r_m, \omega) \mid^2 \right]^2$，表示第 m 个目标散射体的散射强度，与该特征值对应的特征向量为 $(g(r_m, \omega))^*$，为第 m 个目标散射体到 TRM 阵列的传输函数的共轭表达。从时间反演算子的分解中可以看到，在无噪声的情况下，时间反演算子的显著特征值的个数与目标散射体个数一致，均为 M 个；而剩下的 $N-M$ 个特征值均为零(有扰动时不为零，表示扰动强度大小)，所有的特征值按大小排列依次记为 δ_1，δ_2，$\cdots$，δ_M，δ_{M+1}，$\cdots$，δ_N，其对应的特征向量则分别记为 μ_1，μ_2，$\cdots$，μ_M，μ_{M+1}，$\cdots$，μ_n。前 M 个特征值对应的特征向量张成的子空间称为信号子空间 $E_s = \mathrm{span}\{\mu_1, \mu_2, \cdots, \mu_m\}$；而剩下的 $N\text{-}M$ 个特征向量张成的子空间称为噪声子空间 $E_n = \mathrm{span}\{\mu_{M+1}, \cdots, \mu_N\}$。

DORT 则是通过寻找成像区域内的各个搜索点的传输函共轭与信号子空间内的特征向量的内积最大值，该内积最大值所对应的搜索点即为目标散射体的位置，实现了目标散射体的定位，于是 DORT 的成像函数为[119,124]

$$I_{\text{DORT}}^{m}(r, \omega) = | \langle (g(r, \omega))^{*}, \mu_{m}(\omega) \rangle |$$

$$= | \langle g(r, \omega), (\mu_{m}(\omega))^{*} \rangle | \qquad (2\text{-}16)$$

式中，$g(r, \omega)$ 为观测成像区域内所有搜索点到 TRM 阵列的传输矩阵，具体可表示为

$$g(r, \omega) = [G(r, r_1, \omega), G(r, r_2, \omega), \cdots, G(r, r_y, \omega)]^{\mathrm{T}}$$

$$(2\text{-}17)$$

上述 DORT 方法是寻找成像区域搜索传输函数共轭与信号子空间内特征向量最为匹配的搜索点，进而实现对目标的成像定位。本小节还将介绍基于噪声子空间的 TR-MUSIC 成像方法，该方法是利用目标传输向量共轭与噪声子空间的正交性实现目标成像。具体分析如下。

由于时间反演算子分解的特征向量组成的 U 空间为正交酉空间，那么有

$$E_s = \mathrm{span}\{\mu_1, \mu_2, \cdots, \mu_M\} \perp E_n = \mathrm{span}\{\mu_{M+1}, \cdots, \mu_N\} \qquad (2\text{-}18)$$

又因信号子空间中的向量一一对应得了每一目标散射体位置到 TRM 阵列的传输函数的共轭，则有

$$\mu_m(\omega) = (g(r_m, \omega))^{*} \qquad (2\text{-}19)$$

于是，噪声子空间的特征向量也应该有正交于目标散射体到 TRM 阵列的传输函数的共轭，两者内积为 0，则有

$$\langle \mu_j(\omega), (g(r_m, \omega))^{*} \rangle = 0, \ 1 \leqslant m \leqslant M, \ M+1 \leqslant j \leqslant N \qquad (2\text{-}20)$$

式中，$\mu_j(\omega)$ 为噪声子空间对应的特征向量；$g(r_m, \omega)$ 为第 m 个目标散射体到 TRM 阵列的传输函数。根据这一正交特性，TR-MUSIC 的成像函数为[121]

$$I_{\text{TR-MUSIC}}(r, \omega) = \left(\sum_{j=M+1}^{N} | \langle g(r, \omega), (\mu_j(\omega))^{*} \rangle |^{2} \right)^{-1} \qquad (2\text{-}21)$$

假如搜索点恰好与目标散射体位置处重合，那么在式（2-21）中的成像函数的内积值近似为 0，该搜索点附近处的伪谱值迅速塌陷，而在此搜索点的伪谱值则会形成尖峰，这也是 TR-MUSIC 可实现超分辨成像的原因。除此之外，DORT 常假设目标散射体间良好分辨，否则，显著特征值为多个目标

散射体的综合散射强度，而此时信号子空间的特征向量也即是所有目标散射体到 TRM 阵列的混合传输函数的共轭组合，不再是一一对应每一个目标散射体到 TRM 阵列的传输函数共轭。同时，信号子空间的特征向量可能也会映射到成像区域内非目标处位置，从而形成伪谱峰，使得 DORT 失效。尽管目标散射体非良好分辨产生了混合传输函数，但此时噪声子空间与该混合传输函数共轭正交，那么也依然与目标混合传输函数共轭正交。因此，这一特性使得 TR-MUSIC 在非良好分辨的目标成像中也仍有效。

2.2.3 超宽带时间反演算子子空间成像

中心频率的时间反演算子子空间法常用于窄带或单频信号成像模型，对于超宽带信号成像模型，采用中心频率时间反演算子子空间法将会失去频带内的富余信息，在强噪或其他恶劣环境中，将会影响时间反演成像性能，不利于目标散射体的成像。因此，针对超宽带工作信号，发展了 TD-DORT 和 UWB-TR-MUSIC 成像方法。不同于 DORT 将单频信号子空间特征向量作为时间反演信号回传到成像区域中，TD-DORT 将整个频带内的离散频域时间反演算子特征分解，综合频带内的显著特征值对应的特征向量，对其进行反变换，以获取每个目标散射体对应的时域反转向量，最终将该全时域特征值向量回传至成像区域中，该全时域特征值向量也可认为是该目标散射体独立的时域接收信号 $s_m(t)$，可表示为

$$s_m(t) = F^{-1}(s_m(\omega)) = \int_\Omega \delta_m(\omega) \mu_m(\omega) e^{j\omega t} d\omega \tag{2-22}$$

式中，$\delta_m(\omega)$ 为时间反演算子的第 m 个非零特征值；相对应地，$\mu_m(\omega)$ 是其特征向量；Ω 为整个频带宽度。为消除式(2-22)中 $e^{j\omega t}$ 项的影响，默认信号聚焦时刻为零时刻，因此，将 $s_m(t)$ 反转获得 $s_m(-t)$，并将其回传至成像区域中，有[124]

$$I_{\text{TD-DORT}}^m(r) = \langle g(r, t), s_m(-t) \rangle_{t=0}$$

$$= \int_\Omega \delta_m(\omega) (\mu_m(\omega))^\mathrm{T} g(r, \omega) d\omega \tag{2-23}$$

TD-DORT 在获取每一个频点处的特征向量 $\mu_m(\omega)$ 时，会产生一个与频率相关的随机相位 $\varphi_{rand}(\omega)$，使得式(2-23)直接合成不同频点处的特征向量时，产生非相干时域信号，影响目标散射成像。因此，该随机相位 $\varphi_{rand}(\omega)$ 需进行预处理消除。然而，即使 $\mu_m(\omega)$ 中伴随着随机相位，噪声子空间的小特征向量与特征值向量 $\mu_m(\omega)$ 也存在正交性，故 UWB-TR-MUSIC 无须对随机相位进行预处理操作，其成像函数为[121]

$$I_{\text{UWB-TR-MUSIC}}(r) = \left[\int_{\Omega} \sum_{j=M+1}^{N} | \langle g(r, \omega), (\mu(\omega))^* \rangle |^2 \mathrm{d}\omega \right]^{-1} \quad (2\text{-}24)$$

2.3 基于空频响应矩阵的子空间成像

2.3.1 空频响应矩阵

2.2.1 小节中的时间反演算子需要获取 SS-MDM，但 SS-MDM 存在一些不足和弊端：(1)SS-MDM 的获取需要所有的 TRM 单元依次发射 N 次，依次接收 N 次，需要记录或储存 N^2 次信号；(2)正如 2.2.3 小节提到，分解频带内离散的 SS-MDM 将会产生与频率相关的随机相位，使得回传时域信号发生改变，导致在 TD-DORT 中，每个 TRM 单元发射的回传信号在目标位置处无法相干叠加，影响目标散射体成像。SF-MDM，仅需要记录或储存 N 次信号，全 SF-MDM 才需要记录或储存 N^2 次信号，也无须针对随机相位进行预处理。

根据式(2-12)中第 n 个 TRM 发射单元到第 k 个 TRM 接收单元的总传输函数 $H_{kn}(\omega)$，不难得到第 k 个 TRM 接收单元全频段的传输函数 $[H_{kn}(\omega_1), H_{kn}(\omega_2), \cdots, H_{kn}(\omega_Q)]$。因此，对于第 n 个 TRM 发射单元发射信号到整个 TRM 阵列的全频段传输矩阵，即 SF-MDM，可表示为[130]

$$\boldsymbol{H}_{\mathrm{SF}} = \begin{bmatrix} H_{1n}(\omega_1) & H_{1n}(\omega_2) & \cdots & H_{1n}(\omega_Q) \\ H_{2n}(\omega_1) & H_{2n}(\omega_2) & \cdots & H_{2n}(\omega_Q) \\ \vdots & \vdots & & \vdots \\ H_{Nn}(\omega_1) & H_{Nn}(\omega_2) & \cdots & H_{Nn}(\omega_Q) \end{bmatrix} \tag{2-25}$$

式中，$\boldsymbol{H}_{\mathrm{SF}}$ 的矩阵维度为 $N \times Q$，Q 为均匀采样频点数。在式(2-25)中，$\boldsymbol{H}_{\mathrm{SF}}$ 的列向量表示每一均匀采样频点处 TRM 阵列的传输响应，而行向量表示每一 TRM 阵列单元的全频段传输响应。

2.3.2 空频响应矩阵的信号子空间成像

与时间反演算子空间法类似，用于回传辐射到每一目标散射体独立的激励信号期望通过 SF-MDM 获取。于是，将 SVD 直接用于 SF-MDM，即

$$\boldsymbol{H}_{\mathrm{SF}} = \boldsymbol{U}_{\mathrm{SF}} \boldsymbol{\varLambda}_{\mathrm{SF}} \boldsymbol{V}_{\mathrm{SF}}^{\mathrm{H}} \tag{2-26}$$

式中，$\boldsymbol{U}_{\mathrm{SF}}$ 为左奇异向量 u_{SF}^1，u_{SF}^2，$\cdots$，u_{SF}^N 组成的矩阵，其矩阵维度为 $N \times N$，仅包含了阵列单元位置信息，与频率无关；$\boldsymbol{V}_{\mathrm{SF}}$ 为右奇异向量 v_{SF}^1，v_{SF}^2，$\cdots$，v_{SF}^Q 组成的矩阵，其矩阵维度为 $Q \times Q$，包含了散射场频域信息；一般情况下，$Q > N$，$\boldsymbol{\varLambda}_{\mathrm{SF}}$ 为奇异值对角矩阵 λ_{SF}^1，λ_{SF}^2，$\cdots$，λ_{SF}^m，$\cdots$，λ_{SF}^Q，其矩阵维度为 $N \times Q$；λ_{SF}^m 为依照奇异值大小排列的第 m 个奇异值。$\boldsymbol{U}_{\mathrm{SF}}$ 中 u_{SF}^m 左奇异向量对应成像空域中的第 m 个目标，而 $\boldsymbol{V}_{\mathrm{SF}}$ 中的右奇异向量可看作频域函数的采样插值序列，该向量不含与频率相关的随机相位，可直接通过近似获得用于回传的时域激励信号为

$$p(t) = \sum_{q=1}^Q \lambda_{\mathrm{SF}}^q v_{\mathrm{SF}}^q(t) \tag{2-27}$$

式中，$v_{\mathrm{SF}}^q(t)$ 为

$$v_{\mathrm{SF}}^q(t) = F^{-1}(v_{\mathrm{SF}}^q(\omega)) \tag{2-28}$$

通过傅里叶逆变换获取的时域激励信号还需要幅度和相移的综合加权才能在目标点处聚焦，于是，先定义一个函数

$$f(\xi, z(t)) = F^{-1}\left\{ \left[\xi_0 \mathrm{e}^{\mathrm{j}\varphi 0} z(\omega), \xi_1 \mathrm{e}^{\mathrm{j}\varphi 1} z(\omega), \cdots, \xi_N \mathrm{e}^{\mathrm{j}\varphi N} z(\omega) \right]^{\mathrm{T}} \right\}$$

$$\tag{2-29}$$

式中，控制向量 $\xi = [\xi_0 e^{j\varphi 0},\ \xi_1 e^{j\varphi 1},\ \cdots,\ \xi_N e^{j\varphi N}]^T$ 决定了频域向量 $z(\omega)$ 中各元素的幅度和相移[130]。又因 $\boldsymbol{U}_{SF}$ 中的左奇异向量反映了 TRM 阵列与目标的空间位置关系，考虑 u_{SF}^m 作为 $z(\omega)$ 控制向量，则用于第 m 个目标的时间反演信号可表示为

$$s_{TR}^m(t) = f(u_{SF}^m,\ p(t)) \tag{2-30}$$

与 TD-DORT 类似，SF-DORT 的成像函数可表示为[130]

$$I_{SF\text{-}DORT}^m(r) = \langle g(r,\ t),\ s_{TR}^m(t) \rangle_{t=0}$$
$$= \int_\Omega (p(\omega))^*(u_{SF}^m(\omega))^H g(r,\ \omega)\,d\omega \tag{2-31}$$

2.3.3 空频响应矩阵的噪声子空间成像

在左奇异向量构成的矩阵 $\boldsymbol{U}_{SF}$ 中，$u_{SF}^m(1 \leqslant m \leqslant M)$ 向量张成信号子空间，剩下的 $N\text{-}M$ 个向量则张成噪声子空间，信号子空间向量与噪声子空间向量相互正交。与 UWB-TR-MUSIC 的成像函数类似，将每一频点的传输函数与噪声子空间求内积并将其叠加，最终其 SF-MUSIC 的成像函数为[129,133,134]

$$I_{SF\text{-}MUSIC}(r) = \Big[\sum_{q=1}^Q \sum_{i=M+1}^N |\langle g(r,\ \omega_q),\ (u_{SF}^i)^* \rangle| \Big]^{-1} \tag{2-32}$$

式(2-32)中，u_{SF}^i 包含的阵列位置信息与频率无关；$g(r,\ \omega_q)$ 的阵列位置信息依赖频率 ω_q。

为快速地评估 SF-MUSIC 成像函数，参考文献[132]提出了等效频率 SF-MUSIC，u_{SF}^m 含有第 m 个目标的位置信息。理论上，u_{SF}^m 与目标处的背景格林函数 $g(r_m,\ \omega_e)$ 中相邻两单元的相位差相等。根据最小二乘法原理，可通过下式求得该等效角频率为

$$\omega_e = \frac{1}{N-1} \sum_{n=1}^{N-1} \frac{(\varphi_n - \varphi_{n+1})c}{|r-r_{n+1}| - |r-r_n|} \tag{2-33}$$

式中，φ_n 为 u_{SF}^m 向量中第 n 个元素的相位；c 为传播速度。当 r 搜索到目标位置 r_m 处一致时，$g(r,\ \omega_e)$ 与 u_{SF}^m 向量一致，矩阵 $\boldsymbol{U}_{SF}$ 中的噪声子空间与 $g(r_m,\ \omega_e)$ 共轭正交性得以满足。基于等效频率的 SF-MUSIC 的成像函数 $I_{SF\text{-}MUSIC}^E(r)$ 可表示为[132]

$$I_{\text{SF-MUSIC}}^{\text{E}}(r) = \left(\sum_{i=M+1}^{N} | \langle g(r, \omega_e), (u_{\text{SF}}^{i})^{*} \rangle | \right)^{-1} \qquad (2-34)$$

综合上述时间反演成像方法，表 2-1 给出了时间反演成像方法的对比。

表 2-1　时间反演成像方法的对比

成像方法	TRMI 的改进形式		基于时间反演算子子空间成像		SF-MDM 子空间成像	
	I-TRMI	TRIS	DORT	TR-MUSIC	SF-DORT	SF-MUSIC
信号要求	常适用超宽带信号		适用单频、窄带、宽带信号		适用宽带、超宽带信号	
实现难度	阵列回传	子阵回传	多次发射多次接收		一次发射多次接收	
目标远近	远目标淹没	良好区分	区分远近目标		区分远近目标	
成像分辨率	无法超分辨	超分辨	无法超分辨	超分辨	无法超分辨	超分辨
选择成像	同时成像	同时成像	独立选择	同时成像	独立选择	可独立选择

　　TRMI 法只需将时域接收信号直接辐射回传完成目标处的空时聚焦，操作简单，易于成像，但无法选择成像且分辨率较低；基于时间反演算子子空间成像法则是利用时间反演算子分解出的子空间与目标处的传输函数（常用背景格林函数向量）的关系，发展出基于信号子空间的有选择性的聚焦成像，如 DORT 和 TD-DORT 等，以及基于噪声子空间的超分辨成像，TR-MUSIC 和 UWB-TR-MUSIC 等。时间反演算子的构建需要获取空域传输矩阵，要求整个 TRM 阵列单元反复收发数据，由此增强了数据的完整性，有利于准确成像，但也提升了成像系统成本。为避免 TRM 阵列多次收发数据，基于 SF-MDM 子空间成像法利用仅需 TRM 阵列收发一次数据组成了包含目标、阵列的空域和频域信息的空频矩阵，通过该 SF-MDM 的奇异值和奇异向量构建 SF-DORT、SF-MUSIC 等方法的成像函数。SF-DORT 避免了

TD-DORT 随机相位的产生，无须相位预处理。同时，SF-MDM 无须多次测量，耗时短，使得基于 SF-MDM 子空间成像法在目标成像实时性方面也有一定的优势。

根据上述时间反演成像方法的基本描述及表 2-1 中有关成像方法的对比，笔者重点对几种方法的成像分辨以及成像伪谱的物理意义进行说明。一方面，TRMI 方法的成像分辨率主要取决于时域信号的脉宽，脉宽越小，距离分辨率越高，但无法超越衍射极限。而时间反演算子子空间成像法中，受阵列排布限制，DORT 的横向分辨率远远优于纵向分辨率，TD-DORT 则提升了纵向分辨率，但都无法实现超分辨成像；TR-MUSIC 因噪声子空间与目标传输向量共轭正交性，使得成像在目标处伪谱值突变，形成了伪谱尖峰，即使针对单频信号，TR-MUSIC 也能在横向与纵向等方向上提供超分辨成像。基于 SF-MDM 的分解子空间成像与基于时间反演算子的分解子空间成像原理类似。另一方面，TRMI 及其改进形式、DORT、TD-DORT，以及 SF-DORT 的成像函数本质上是将混合目标信号或独立目标信号反演至观测成像区域中，并求解成像区域中的伪谱值，该成像伪谱值更多的是反映空间信道滤波匹配程度；而 TR-MUSIC 和 SF-MUSIC 更多的是反映目标传输向量共轭与噪声子空间的正交性强弱，与目标本身的辐射特性无明显关系。

2.4 本章小结

本章基于时间反演技术的自适应"空-时同步聚焦"物理机制，重点讨论三种主要的时间反演成像方法：TRMI 及其改进形式、基于时间反演算子分解的子空间法、基于 SF-MDM 分解的子空间法，并对比分析了三种方法的成像性能优缺点。

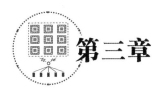

第三章

基于级联时间反演成像的 R-PIM 源精准定位

在传统时间反演算子的分解子空间成像中，随着强噪声、强杂波、随机分布的非期望目标散射等电磁复杂环境因素的恶化，成像图中的伪谱分布变为杂乱，极易出现成像伪峰和成像"脏图"，使得获取 R-PIM 源的准确位置变得十分困难，最终导致 R-PIM 成像定位失准。针对相控阵中 R-PIM 定位失准问题，本章提出并研究了一种基于多频成像伪谱级联的 MCTR-MUSIC 成像方法，以满足相控阵中 R-PIM 源精准且超分辨的定位需求。

3.1 主动辐射式 R-PIM 源的信号模型

图 3-1 为多个主动辐射式 R-PIM 源的激活与辐射示意图，由于相控阵单元或其他辐射结构多路信号在空间中传播，在相控阵组件内部或表面的具有非线性效应的地方，如金属表皮的深度凹陷或凸起、积累或黏附的灰尘等污染处及结构突变处，则会激活形成主动辐射式 R-PIM 源，如图 3-1(a)所示，R-PIM 源辐射 PIM 干扰信号，如图 3-1(b)所示。多次激活、多次辐射分别如图 3-1(c)和图 3-1(d)所示。

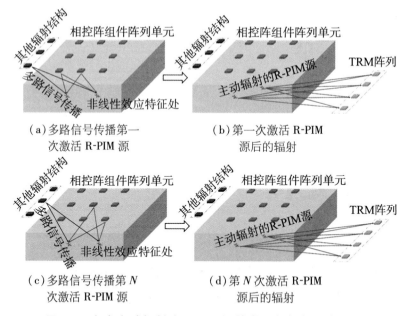

（a）多路信号传播第一
次激活 R-PIM 源

（b）第一次激活 R-PIM
源后的辐射

（c）多路信号传播第 N
次激活 R-PIM 源

（d）第 N 次激活 R-PIM
源后的辐射

图 3-1　多个主动辐射式 R-PIM 源的激活与辐射示意图

根据图 3-1 中主动辐射式 R-PIM 源激活和辐射过程，构建如图 3-2 所示的基于 TRM 阵列定位的 R-PIM 源辐射信号模型。在图 3-2 中，散射体自由分布在 R-PIM 源附近，且其空间坐标位置已知。TRM 阵列用于接收 R-PIM 信号，用以定位 R-PIM 源的空间坐标位置，总计 N 个沿着 x 轴分布的 TRM 天线阵列单元，其坐标位置为 $r_n(1 \leqslant n \leqslant N)$，相邻两个 TRM 阵列单元为 $d = \lambda_c/2$，λ_c 为所接收的 PIM 干扰信号中心频率 ω_c 对应的波长。R-PIM 源和散射体自由随机分布于坐标位置 $r_m(1 \leqslant m \leqslant M)$ 和 $r_s(1 \leqslant s \leqslant S)$，所需定位的 R-PIM 源数目为 M，而散射体的数目为 S。

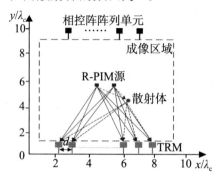

图 3-2　基于 TRM 阵列定位的 R-PIM 源辐射信号模型

由于在非线性效应处激活 R-PIM 源具有随机性，因此，每一次激活、不同方式激活、不同相控阵阵列单元激活均会使从 R-PIM 源辐射出的初始源信号不尽相同，而且不同的 R-PIM 源辐射出的信号也不相同。假设总计 N 次激活主动辐射的 R-PIM 源，从时域上观测，当第 n' 次激活 R-PIM 源时，第 n 个 TRM 定位阵列单元的接收信号为

$$R_{nn'}(t) = \sum_{m=1}^{M} \left[k_{nm}^{d}(t) + \sum_{s=1}^{s} \tau_s k_{ns}(t) \otimes k_{sm}(t) \right] \otimes s_{mn'}(t) \qquad (3\text{-}1)$$

式中，$k_{nm}^{d}(t)$ 为第 n 个 TRM 定位阵列单元与第 m 个 R-PIM 源间的混合时域冲激响应；$k_{ns}(t)$ 和 $k_{sm}(t)$ 分别表示第 n 个 TRM 定位阵列单元与第 s 个散射体间和第 s 个散射体与第 m 个 R-PIM 源间的时域冲激散射响应；$s_{mn'}(t)$ 为在第 n' 次激活 R-PIM 源时，第 m 个 R-PIM 源的辐射信号或发射信号；τ_s 为第 s 个散射体的散射系数。

根据式(3-1)，当第 N' 次激活 R-PIM 源时，TRM 定位阵列所接收的总时域信号 $\boldsymbol{R}(t)$ 可以表示为

$$\boldsymbol{R}(t) = \begin{bmatrix} R_{11}(t) & R_{12}(t) & \cdots & R_{1N'}(t) \\ R_{21}(t) & R_{22}(t) & \cdots & R_{2N'}(t) \\ \vdots & \vdots & & \vdots \\ R_{N1}(t) & R_{N2}(t) & \cdots & R_{NN'}(t) \end{bmatrix} \qquad (3\text{-}2)$$

通过傅里叶变换将式(3-2)转化成频域散射信号 $\boldsymbol{R}(\omega)$，有

$$\boldsymbol{R}(\omega_q) = \begin{bmatrix} R_{11}(\omega_q) & R_{12}(\omega_q) & \cdots & R_{1N'}(\omega_q) \\ R_{21}(\omega_q) & R_{22}(\omega_q) & \cdots & R_{2N'}(\omega_q) \\ \vdots & \vdots & & \vdots \\ R_{N1}(\omega_q) & R_{N2}(\omega_q) & \cdots & R_{NN'}(\omega_q) \end{bmatrix} \qquad (3\text{-}3)$$

式中，$\omega_q (1 \leqslant q \leqslant Q)$ 为 PIM 信号频段中均匀采样的第 q 个频率点；$R_{nn'}(\omega)$ 为接收时域信号 $R_{nn'}(t)$ 的傅里叶变换形式。结合式(3-1)，式(3-3)可写为

$$R_{nn'}(\omega_q) = \sum_{m=1}^{M} \left[k_{nm}^{d}(\omega_q) + \sum_{s=1}^{S} \tau_s k_{ns}(\omega_q) k_{sm}(\omega_q) \right] s_{mn'}(\omega_q) \qquad (3\text{-}4)$$

式中，$k_{nm}^{d}(\omega_q)$、$k_{ns}(\omega_q)$、$k_{sm}(\omega_q)$、$s_{mn'}(\omega_q)$ 分别为 $k_{nm}^{d}(t)$、$k_{ns}(t)$、$k_{sm}(t)$、$s_{mn'}(t)$ 的傅里叶变换形式。在式(3-3)和式(3-4)中，对于每一均匀采样频点 ω_q，TRM 阵列单元所接收到的频域信号可通过矩阵运算得到，

则有

$$\boldsymbol{R}(\omega_q) = \boldsymbol{K}(\omega_q)\boldsymbol{S}(\omega_q)$$

$$= \begin{bmatrix} k_{11}(\omega_q) & k_{12}(\omega_q) & \cdots & k_{1M}(\omega_q) \\ k_{21}(\omega_q) & k_{22}(\omega_q) & \cdots & k_{2M}(\omega_q) \\ \vdots & \vdots & & \vdots \\ k_{N1}(\omega_q) & k_{N2}(\omega_q) & \cdots & k_{NM}(\omega_q) \end{bmatrix} \times$$

$$\begin{bmatrix} s_{11}(\omega_q) & s_{12}(\omega_q) & \cdots & s_{1N'}(\omega_q) \\ s_{21}(\omega_q) & s_{22}(\omega_q) & \cdots & s_{2N'}(\omega_q) \\ \vdots & \vdots & & \vdots \\ s_{M1}(\omega_q) & s_{M2}(\omega_q) & \cdots & s_{MN'}(\omega_q) \end{bmatrix}$$

(3-5)

式中，$\boldsymbol{K}(\omega_q)$ 是由 R-PIM 源与 TRM 阵列间总传输响应构建的多源传输矩阵，$\boldsymbol{K}(\omega_q)$ 主要包括了辐射和全散射传输响应。因此，$\boldsymbol{K}(\omega_q)$ 中的元素 $k_{nm}(\omega_q)$ 可写为

$$k_{nm}(\omega_q) = k_{nm}^d(\omega_q) + \sum_{s=1}^{S} \tau_s k_{ns}(\omega_q) k_{sm}(\omega_q)$$

$$= G(r_n, r_m, \omega_q) + \sum_{s=1}^{S} \tau_s G(r_n, r_s, \omega_q) G(r_s, r_m, \omega_q) \quad (3-6)$$

式中，$G(r_1, r_2, \omega_q)$ 为坐标位置 r_1 与坐标位置 r_2 间的近场格林函数，因此 $G(r_n, r_m, \omega_q)$、$G(r_n, r_s, \omega_q)$ 和 $G(r_s, r_m, \omega_q)$ 便可以得到。矩阵 $\boldsymbol{R}_p(\omega_q)$ 考虑高斯白噪声项 $\Delta R(\omega_q)$，取英文单词"perturbation"中的首字母 p，有

$$\boldsymbol{R}_p(\omega_q) = \boldsymbol{R}(\omega_q) + \Delta R(\omega_q) \quad (3-7)$$

引入信噪比（signal to noise ratio，SNR），由下式计算可得[121]

$$SNR = \frac{\sum_{i,j=1}^{N} \iint_{\Omega} |R_{i,j}(\omega)|^2 d\omega}{\sum_{i,j=1}^{N} \iint_{\Omega} |\Delta R_{i,j}(\omega)|^2 d\omega} \quad (3-8)$$

在主动辐射 R-PIM 源定位模型中，从 R-PIM 源处辐射出的信号未知且不相同，不能直接获取 SS-MDM。于是，将式（3-3）中的频域接收信号 $\boldsymbol{R}(\omega_q)$ 称为信号 SS-MDM（signal SS-MDM，SSS-MDM）。为顺利地进行主动辐射 R-PIM 源成像定位分析，可使 R-PIM 源最大激活次数 N' 与 TRM 阵列单元数目相等，即 $N' = N$。

3.2 基于多频伪谱的级联时间反演成像

3.2.1 弱相关滤波

相关滤波法(correlation filters,CFs)广泛应用于图像处理中的目标追踪[136]。经典的滤波器有三种,分别为平均合成精确滤波器(average synthetic exact,ASE)[137]、无约束最小平均相关能滤波器(unconstrained minimum average correlation energy,UMACE)[138]及最小输出误差平方和滤波器(minimum output sum of squared error,MOSSE)[136,139]。其中,MOSSE 是通过求解多个像素点样本的最小二乘来提供稳定和快速的目标跟踪。为了找到一个能将训练输入映射到期望输出的滤波器,MOSSE 将实际输出与期望图像之间的误差平方和最小化。因此,在图像处理过程中,可以利用 MOSSE 以最小的误差平方和获得强相关输出。基于 MOSSE 中最小二乘求解的本质,还可以估计多个数据流之间的相关参数。数学上,每个数据矩阵 SSS-MDM 都可以看作是一幅图。

在本小节中,基于多频伪谱级联的 MCTR-MUSIC 的成像函数需要不同频率点的多个 SSS-MDM 矩阵参与计算。在计算复杂度方面,若引入太多的频点,则会产生更多的 SSS-MDM 矩阵,最终导致极大的计算负担。相反地,若对频率进行随机稀疏采样,那么在整个频段内阵列信息丢失也会影响成像定位性能。如何平衡计算复杂度与有效信息采样一直也是快速和精准成像面临的难题。

受 MOSSE 滤波方法的启发,但不同于 MOSSE 的输出结果,此处将强相关的 SSS-MDM 过滤掉以获取弱相关的 SSS-MDM,称为 WCF。定义相关因子 ρ_q 评估中心频点 SSS-MDM 与其他频点 SSS-MDM 间的相关性,具体

如下

$$\rho_q = \sum_{n'=1}^{N'} | \, r_{n'}^{\text{norm}}(\omega_c) - r_{n'}^{\text{norm}}(\omega_q) \, |^2 \qquad (3\text{-}9)$$

$$\rho_q \geqslant \varepsilon \qquad (3\text{-}10)$$

式中，$r_{n'}^{\text{norm}}(\omega_c) = r_{n'}(\omega_c) / \| r_{n'}(\omega_c) \|$；$r_{n'}^{\text{norm}}(\omega_q) = r_{n'}(\omega_q) / \| r_{n'}(\omega_q) \|$。将 $r_{n'}(\omega_q)$ 定义为式（3-3）中的第 n' 列向量，即为 $r_{n'}(\omega_q) = [R_{1n'}(\omega_q), R_{2n'}(\omega_q), \cdots, R_{Nn'}(\omega_q)]^{\text{T}}$，$\varepsilon$ 为相关因子的阈值。当评估相关因子 ρ_q 数值较大，可认为该频点 SSS-MDM 与中心频点 SSS-MDM 间相关性较低。为避免多个向量间互为线性相关导致的评估相关因子较大，向量之间相关性极强，式（3-9）中对 $r_{n'}^{\text{norm}}(\omega_q)$ 和 $r_{n'}^{\text{norm}}(\omega_c)$ 进行了归一化处理。

通过式（3-9）和式（3-10），可过滤强相关的数据矩阵，减小了多频子空间成像计算中大量的频点 SSS-MDM，有效地节省了伪谱计算时间。在后续内容中，将 $\omega_l(1 < l < L)$ 表示优化后的采样频率，L 表示优化后的采样频率总数。

3.2.2 噪声子空间的最优噪声向量

在传统 TR-MUSIC 或者 UWB-TR-MUSIC 成像伪谱计算中，噪声子空间的所有 N-M 个噪声向量将用于计算。噪声向量数目且采样频点 SSS-MDM 增多将会为成像伪谱计算引入大量的计算进程。为减少单频点时间反演算子处的多噪声向量计算复杂度，将多噪声向量构成的噪声子空间重构成单噪声向量的降维噪声子空间，最小欧几里得范数作为选择噪声子空间的最优噪声向量标准，可表示为

$$u(\omega_l) = \min(\| u_j(\omega_l) \|_2), \quad (j = M+1, \ M+2, \cdots, N) \qquad (3\text{-}11)$$

式中，$\| \cdot \|_2$ 为欧几里得范数。根据 $u(\omega_l)$，TR-MUSIC 在 ω_l 处的伪谱计算可写为

$$P_l(r, \omega_l) = (| \langle g_t(r, \omega_l), [u(\omega_l)]^* \rangle |)^{-1} \qquad (3\text{-}12)$$

式中，$g_t(r, \omega_l)$ 为观测成像区域到 TRM 阵列的总传输向量，可由下式计算而得

$$g_t(r, \omega_l) = g(r, \omega_l) + g_s(r, \omega_l) \tag{3-13}$$

式中，$g(r, \omega_l)$ 和 $g_s(r, \omega_l)$ 分别为成像区域至 TRM 阵列的主传输响应和散射传输响应。

3.2.3 多频伪谱的级联时间反演成像原理

每一频点处的 SSS-MDM 分解出的噪声子空间可由最优噪声向量进行维度降低，伪谱的计算效率可得到有效的提升。但是，由于最优噪声向量失去了阵列的绝大部分信息，易导致定位 R-PIM 源的成像性能弱化。因此，MCTR-MUSIC 利用预先提出的最优噪声向量，并将经 WCF 优化频点后的归一化单频点成像函数以连乘的方式得到新的成像伪谱函数，可写为

$$I_{\text{MCTR-MUSIC}}(r) = \prod_{l=1}^{L} I_l(r, \omega_l) \tag{3-14}$$

式中，$I_l(r, \omega_l)$ 为基于最优噪声向量的第 1 频点处标准归一化的 TR-MUSIC 成像伪谱，可由 $P_l(r, \omega_l)$ 计算得

$$I_l(r, \omega_l) = \frac{20 \log_{10} P_l(r, \omega_l)}{\max\left[20 \log_{10} P_l(r, \omega_l)\right]} \tag{3-15}$$

利用多个基于最优噪声向量的单频 TR-MUSIC 进行级联相乘，使 MCTR-MUSIC 伪谱能够在 R-PIM 源目标处增强伪谱峰值。此外，该方法还可以有效抑制大部分由散射体和其他扰动引起的伪峰，使无 R-PIM 源区域的成像伪谱接近于零，从而使 R-PIM 源定位更加容易和准确。

3.3 成像仿真结果分析

3.3.1 成像流程与基本设置

基于图 3-2 中的信号模型，开展了基于 MCTR-MUISC 成像的 R-PIM 源

定位的数值仿真，并与传统的 UWB-TR-MUSIC 方法进行了成像性能比较。图 3-3 为单个、多个远距离分布和多个紧邻分布的 R-PIM 源目标的成像定位示意图。

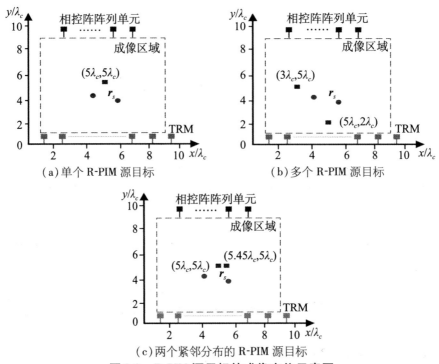

（a）单个 R-PIM 源目标　　　　　　（b）多个 R-PIM 源目标

（c）两个紧邻分布的 R-PIM 源目标

图 3-3　R-PIM 源目标的成像定位示意图

考虑我国民用通信公司上行频谱分配为 $1.71 \sim 1.78$ GHz，同时兼顾其他海事、气象卫星等通信频段[140]，所有的数值仿真实验均在 $1.6 \sim 1.8$ GHz 的频段范围中，中心频率为 $\omega_c = 1.7$ GHz，频宽为 0.2 GHz，总计 $Q = 301$ 为均匀采样频点数。二维观测成像区域为 $9\lambda_c \times 9\lambda_c$，将其划分为 100×100 个离散网格点，λ_c 为中心频率对应的波长，为 17.65 cm。TRM 阵列单元总计 $N = 11$ 均匀分布在 x 轴上，相邻两个 TRM 阵列单元间距为 $d = 8.825$ cm，R-PIM 源激活的次数为 $N' = N$。

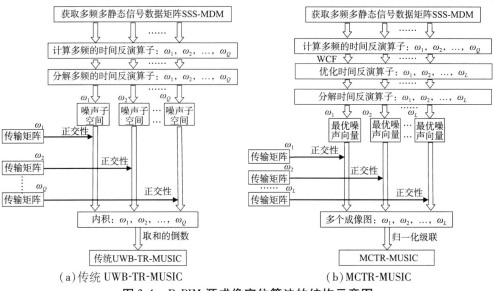

(a) 传统 UWB-TR-MUSIC   (b) MCTR-MUSIC

图 3-4　R-PIM 源成像定位算法的结构示意图

根据所关注的频段范围及其中心频率波长，在图 3-3(a) 中，单个 R-PIM 源目标位于 $r_1 = (5\lambda_c,\ 5\lambda_c)$；在图 3-3(b) 中，两个 R-PIM 源目标分别位于 $r_1 = (3\lambda_c,\ 5\lambda_c)$ 和 $r_2 = (5\lambda_c,\ 2\lambda_c)$；在图 3-3(c) 中，两个 R-PIM 源目标紧邻地分布于 $r_1 = (5\lambda_c,\ 5\lambda_c)$ 和 $r_2 = (5.45\lambda_c,\ 5\lambda_c)$。图 3-4 为 MCTR-MUSIC 和传统 UWB-TR-MUSIC 算法结构示意图，结合成像原理中的式子，MCTR-MUSIC 具体流程如下所示。

(1) 初始化：①TRM 阵列单元位置 $r_n (1 \leqslant n \leqslant N)$ 和散射体位置 $r_s (1 \leqslant s \leqslant S)$；②R-PIM 源目标位置 $r_m (1 \leqslant m \leqslant M)$；③设置成像区域尺寸 $9\lambda_c \times 9\lambda_c$，离散成像区域为 100×100 网格。

(2) 计算多个离散均匀频点采样的 SSS-MDM，并利用 WCF 中的 $\rho_q = \sum_{n'=1}^{N'} |\, r_{n'}^{norm}(\omega_c) - r_{n'}^{norm}(\omega_q)\,|^2$ 取频点优化的 SSS-MDM。

(3) 通过频点优化的 SSS-MDM 计算时间反演算子，并对其进行 SVD 分解获取每一优化频点的噪声子空间。

(4) 利用 $u(\omega_l) = \min(\,\|\,u_j(\omega_l)\,\|_2)$ 获取每一优化频点处的最优噪声向量。

（5）将最优噪声向量代入每一优化频点处的成像伪谱分布的计算式：

$$P_l(r, \omega_l) = (|\langle g_t(r, \omega_l), [u(\omega_l)]^* \rangle|)^{-1}。$$

（6）将多个优化频点的成像伪谱分布图归一化并进行级联相乘：

$$I_{\text{MCTR-MUSIC}}(r) = \prod_{l=1}^{L} I_l(r, \omega_l)。$$

（7）输出：寻找成像伪谱的尖峰值，输出 R-PIM 源目标估计位置。

3.3.2 单个 R-PIM 源成像定位

开展了基于 MCTR-MUSIC 成像的散射环境下单个独立 R-PIM 源定位的研究。R-PIM 源目标位于坐标位置 $(5\lambda_c, 5\lambda_c)$，而两个点状理想金属散射体自由随机地分别分布于坐标位置 $r_{s1} = (3.43\lambda_c, 3.08\lambda_c)$ 和 $r_{s2} = (5.38\lambda_c, 4.14\lambda_c)$。表 3-1 给出了 MCTR-MUSIC 的相关因子阈值 ε，并以此阈值判定 WCF 优化后的采样频点。

表 3-1 MCTR-MUSIC 中的相关因子阈值 ε

相关因子阈值 ε	SNR/dB	$L = 40$	$L = 60$	$L = 100$	$L = 301$
定位单个 R-PIM 源	10	0.76	0.71	0.64	0
	20	0.7	0.65	0.6	
定位两个 R-PIM 源	10	0.86	0.83	0.79	0
	20	0.83	0.81	0.77	

图 3-5 和图 3-6 分别为 MCTR-MUSIC 成像在不同 SNR 下的 R-PIM 源定位图，其中，图 3-5 的 SNR 为 10 dB，图 3-6 中 SNR 增大至 20 dB。从成像伪谱图的图像中可以看出，最大成像伪谱的尖峰正位于 R-PIM 源位置处，即 $(5\lambda_c, 5\lambda_c)$，这表明 R-PIM 源定位准确。从图 3-5、图 3-6 中还可以发现，其他位置处成像伪谱值整体趋近零。这是因为在 MCTR-MUSIC 成像伪谱计算中，多频成像伪谱的级联连乘增强了 R-PIM 源目标处的成像伪谱值，相对地减弱了非 R-PIM 源目标处的成像伪谱值。

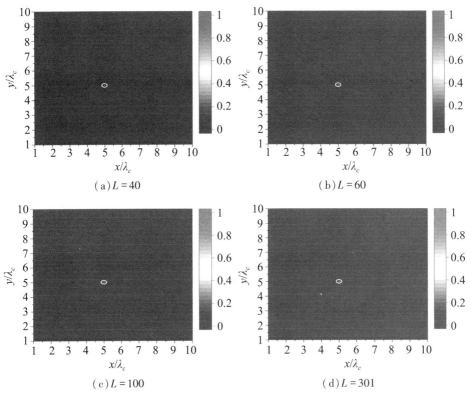

(a) L = 40 (b) L = 60

(c) L = 100 (d) L = 301

图 3-5 当 SNR = 10 dB 时，基于 MCTR-MUSIC 成像的单个独立分布的 R-PIM
源定位图

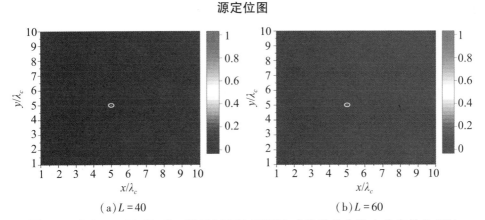

(a) L = 40 (b) L = 60

图 3-6 当 SNR = 20 dB 时，基于 MCTR-MUSIC 成像的单个独立分布的 R-PIM
源定位图

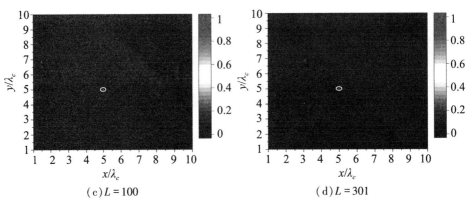

$$(c) L = 100 \qquad (d) L = 301$$

图 3-6 当 SNR = 20 dB 时,基于 MCTR-MUSIC 成像的单个独立分布的 R-PIM 源定位图(续)

当级联相乘的成像伪谱样本较多时,非 R-PIM 源处的成像伪谱基本可抑制至零,例如,图 3-5(d)和图 3-6(d)的成像伪谱分布图。随着过于密集采样的频点,将会导致成像伪谱样本极具增多,产生大量的冗余信息,增大了计算复杂度。通过 WCF 进行频点优化,有效地平衡了高精准成像定位性能和计算复杂度。例如,图 3-5(a)和图 3-6(a)的成像伪谱分布图,相较于图 3-5(d)和图 3-6(d)的成像伪谱分布图需要均匀采样 $Q = 301$ 的频点,此时仅需要通过 WCF 滤除冗余频点,得到 $L = 40$ 的非均匀采样优化频点。

图 3-7 和图 3-8 分别展示了基于 UWB-TR-MUSIC 成像和 TR-MUSIC 成像的 R-PIM 源定位图,两者的成像定位十分相似,这与参考文献[121]中的 UWB-TR-MUSIC 比 TR-MUSIC 更具有成像鲁棒性的结论有一定的差异,这主要是因为传统的 UWB-TR-MUSIC 本质为多频点的传输矩阵与噪声子空间内积求和取倒,适用于超宽带频段也适用于多频点。在本章的数值仿真实验中,频率带宽仅为 200 MHz,缩小了 UWB-TR-MUSIC 与 TR-MUSIC 成像性能的差异。

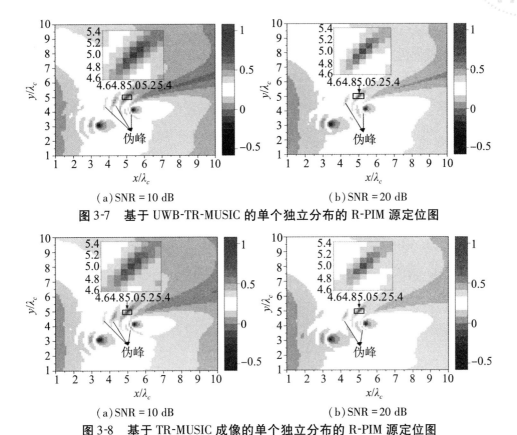

（a）SNR = 10 dB　　　　　　　（b）SNR = 20 dB

图3-7　基于 UWB-TR-MUSIC 的单个独立分布的 R-PIM 源定位图

（a）SNR = 10 dB　　　　　　　（b）SNR = 20 dB

图3-8　基于 TR-MUSIC 成像的单个独立分布的 R-PIM 源定位图

从图 3-7（a）和图 3-8（a）中均可以发现，相对于非 R-PIM 源的位置，在 R-PIM 源目标位置处存在一个较为明亮的像素光斑，然而，从成像伪谱分布中可以看见，非 R-PIM 源的位置处的成像伪谱值较大，形成了成像"脏图"；同时，非 R-PIM 源的位置处也出现了低峰值的成像目标错误估计，形成了成像伪峰。尽管式(3-15)中对数分布可能使得成像"脏图"和成像伪峰的现象更为明显，但成像伪谱的对数分布观测对于多目标准确定位具有更普遍的意义。随着 SNR 增大至 20 dB，非 R-PIM 源目标位置成像伪谱值得到了降低，成像图相对"清洁"，也减少了成像伪峰，如图 3-7（b）和图 3-8（b）所示。

在 MCTR-MUSIC 和 UWB-TR-MUSIC 成像定位的基础上，图 3-9 对比了当 SNR = 10 dB 时，MCTR-MUSIC 和 UWB-TR-MUSIC 的三维归一化成像伪谱分布图。在图 3-9（a）的 MCTR-MUSIC 伪谱分布图中有且只有一个成像伪谱尖峰，并且该成像伪谱尖峰的空间坐标位置正好位于该独立分布的 R-PIM 源的坐标空间位置。在图 3-9（b）中，尽管可以发现最大的成像伪谱尖峰的空间坐标位置也与 R-PIM 源的空间坐标位置一致，但也可以明显地发现存在若干相对较小的成像伪谱尖峰，很难准确地分辨真正的 R-PIM 源所处的空间坐标位置，同时由于金属散射体的存在，UWB-TR-MUSIC 成像图还存在负的成像伪谱峰。这是由金属散射体反射引起的峰值，金属散射体在电场中的相位相对 R-PIM 源的相位是负的。在 MCTR-MUSIC 的成像伪谱计算中，通过多个频点处的归一化运算和级联伪谱乘法计算，有效地抑制了 UWB-TR-MUSIC 成像伪谱中由于金属散射体产生的成像负伪谱峰和其他扰动产生的虚假伪谱峰。

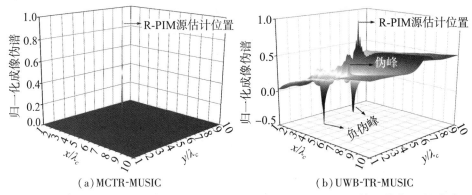

图 3-9　在 SNR = 10 dB 时，MCTR-MUSIC 和 UWB-TR-MUSIC 的三维归一化成像伪谱分布图

3.3.3　多个 R-PIM 源成像定位

进一步开展了基于 MCTR-MUSIC 成像的多 R-PIM 源定位研究，两个 RPIM 源目标的坐标位置分别位于 $r_1 = (3\lambda_c, 5\lambda_c)$ 和 $r_2 = (5\lambda_c, 2\lambda_c)$，其他参数与 3.3.2 小节中定位单个 R-PIM 源目标的所述设置一致，当 $L = 40$、60、100 时的相关因子阈值 ε 同样可从表 3-1 中获取。

图 3-10 和图 3-11 分别展示了基于 MCTR-MUSIC 成像在不同噪声下的多

个 RPIM 源定位图。其中，图 3-10 的 SNR 为 10 dB，图 3-11 的 SNR 增大至 20 dB。整体而言，在图中两个坐标位置均出现了较为明显且较大的成像伪谱峰值，而且在非 R-PIM 源目标位置的成像伪谱值基本被抑制为零。然而，对于多个 R-PIM 源目标的成像定位，噪声子空间的列向量数量相对减少，在低 SNR 的情况下，成像定位性能会进一步被减弱。

例如，在图 3-10(a)中，由于 R-PIM 源目标的增多，在 SNR = 10 dB 时，第二个 RPIM 源目标位置附近出现了较大的虚假成像伪峰，难以准确地区分第二个 R-PIM 源目标位置；在图 3-10(b)中，第二个 R-PIM 源目标也有轻微模糊成像，但不影响 R-PIM 源目标的判断；随着优化频点数增多至 100，也可精准地判断第二个 R-PIM 源目标所在坐标位置，如图 3-10(c)所示。

随着 SNR 增大至 20 dB，即使当优化频点数仅为 40 时，两个 R-PIM 源目标坐标位置处的成像谱峰也十分清晰，能进行准确地区分，如图 3-11(a)所示。优化频点数的增多使得两个 R-PIM 源目标位置处的像素光斑更亮，如图 3-11(b)、3-11(c)和 3-11(d)所示。

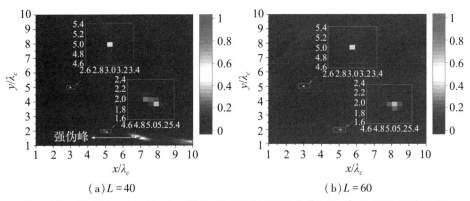

(a) $L = 40$　　　　　　　　　　　　(b) $L = 60$

图 3-10　当 SNR = 10 dB 时，基于 MCTR-MUSIC 成像的两个 R-PIM 源定位图

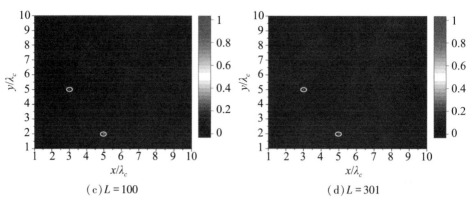

（c）$L=100$ （d）$L=301$

图 3-10　当 SNR = 10 dB 时，基于 MCTR-MUSIC 成像的两个 R-PIM 源定位图（续）

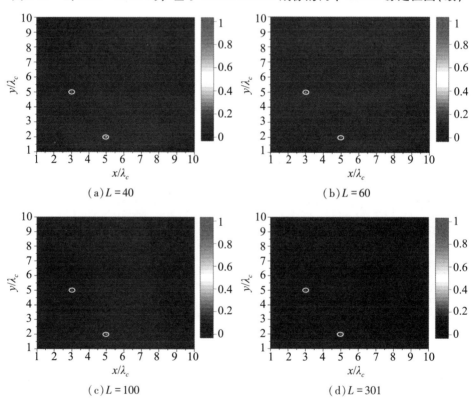

（a）$L=40$ （b）$L=60$

（c）$L=100$ （d）$L=301$

图 3-11　当 SNR = 20 dB 时，基于 MCTR-MUSIC 成像的两个 R-PIM 源定位图

　　图 3-12 和图 3-13 分别为基于 UWB-TR-MUSIC 和 TR-MUSIC 成像的多个 R-PIM 源定位图。从两图中可以看到，相较于图 3-7 和图 3-8 中的单个 R-PIM 源的成像定位，图 3-12 和图 3-13 中出现了严重的成像伪谱峰值展宽及

许多虚假的成像伪谱尖峰，即使 SNR 提高至 20 dB，想要直接找到两个 R-PIM 源的准确位置依然十分困难。

此外，在强噪声的扰动下，成像伪谱峰值的目标估计位置与实际 R-PIM 源目标的实际坐标位置不一致，导致定位误差很大。例如，当 SNR = 10 dB 时，UWB-TR-MUSIC 由于多频累积的作用，能轻微地抑制成像伪谱尖峰，虽然能准确地找到两个 R-PIM 源的坐标位置，但在两个 R-PIM 源处极易导致位置的模糊判断。

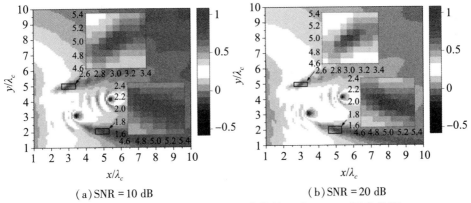

（a）SNR = 10 dB　　　　　　　（b）SNR = 20 dB

图 3-12　基于 UWB-TR-MUSIC 成像的两个 R-PIM 源定位图

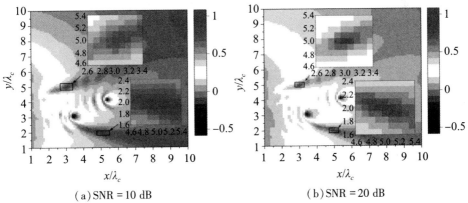

（a）SNR = 10 dB　　　　　　　（b）SNR = 20 dB

图 3-13　基于 TR-MUSIC 成像的两个 R-PIM 源定位图

在图 3-13（a）中，TR-MUSIC 成像图将坐标（$5.18\lambda_c$，$1.91\lambda_c$）估计为第二个 R-PIM 源目标的位置，与其真实位置存在一定的偏差，同时在估计成像伪谱尖峰的位置时，也会产生模糊判断。随着 SNR 增大至 20 dB，UWB-

TR-MUSIC 和 TR-MUSIC 均能较为清晰地分辨第一个 R-PIM 源的位置，而在第二个 R-PIM 源位置处依然存在目标位置估计的模糊判断，分别如图 3-12(b)和 3-13(b)所示。

在 MCTR-MUSIC 和 UWB-TR-MUSIC 成像的多 R-PIM 源目标定位基础上，图 3-14 进一步对比了 MCTR-MUSIC 和 UWB-TR-MUSIC 的三维归一化的多 R-PIM 源目标成像伪谱分布图。

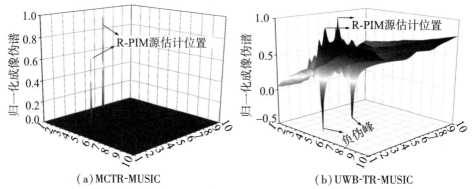

(a) MCTR-MUSIC　　　　　　　(b) UWB-TR-MUSIC

图 3-14　当 SNR = 10 dB 时，两个独立分布的 R-PIM 源成像定位的三维归一化伪谱分布图

从图 3-14(a)中可以明显地观察到产生于 R-PIM 源目标位置处的有效区分的两个成像伪谱尖峰。但从图 3-14(b) UWB-TR-MUSIC 成像伪谱分布图中可以看出负峰和严重的伪谱扩展，存在大量伪峰。进一步验证了相较于在 UWB-TRMUSIC，MCTR-MUSIC 在多个 R-PIM 源的成像定位中依然有增强目标处的成像峰值以及抑制非 R-PIM 源坐标位置的成像伪谱值，对多个 R-PIM 源的成像定位效果有着显著的改善。

3.3.4　紧邻分布的 R-PIM 源成像定位

因 TRM 阵列单元布置在 x 轴上，在本小节中，重点通过沿 x 轴紧邻分布的两个 R-PIM 源目标分析 MCTR-MUSIC 的成像横向分辨性能。两个 R-PIM 源分别布置在 $r_1 = (5\lambda_c, 5\lambda_c)$ 和 $r_2 = (5.45\lambda_c, 5\lambda_c)$ 的坐标位置处，相邻仅为 $0.45\lambda_c$，这个距离略小于衍射极限间距。图 3-15(a)和 3-15(b)

分别为基于 MCTR-MUSIC 和 UWB-TR-MUSIC 成像的两个紧邻分布的 R-PIM 源定位图。在图 3-15(a)中，MCTR-MUSIC 总共使用了 301 个采样频率，即不通过 WCF 进行频率优化采样。MCTR-MUSIC 图像能够清晰地区分两个成像伪谱尖峰，分别位于 $(5\lambda_c, 5\lambda_c)$ 和 $(5.45\lambda_c, 5\lambda_c)$，这表明 MCTR-MUSIC 能够准确地实现间距为 $0.45\lambda_c$ 的两个 R-PIM 源成像定位。但在 UWB-TR-MUSIC 的图像中，存在许多成像伪谱伪峰和负谱峰，如图 3-15(b) 所示，这些伪峰和负伪谱峰使得区分间隔很近的 R-PIM 源变得困难。

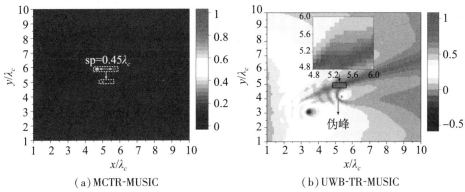

（a）MCTR-MUSIC　　　　　　（b）UWB-TR-MUSIC

图 3-15　当 SNR = 10 dB 时，沿 x 轴紧邻分布的两个 R-PIM 源成像定位图

在 MCTR-MUSIC 和 UWB-TR-MUSIC 成像的两个紧邻分布 R-PIM 源目标定位的基础上，图 3-16 对比了 MCTR-MUSIC 和 UWB-TRMUSIC 的三维归一化的两个紧邻分布 R-PIM 源目标成像伪谱分布图。由于 MCTR-MUSIC 多频伪谱的级联连乘，使得在 R-PIM 源目标的成像伪谱峰值得到显著的增强，从而提高了识别近间隔的两个 R-PIM 源目标精确定位的能力。相反地，如图 3-16(b) 所示，由于 UWB-TR-MUSIC 中的多频内积求和取倒数，使得非 R-PIM 源目标位置处的谱值也得到了有效提高，极易融合成一个成像伪谱尖峰，也会出现成像伪谱伪峰，无法实现近间隔的两个 R-PIM 源目标的有效地区分。因此，图 3-16 所示的三维归一化伪谱分布图有力地验证了 MCTR-MUSIC 在成像分辨率方面上的优势。

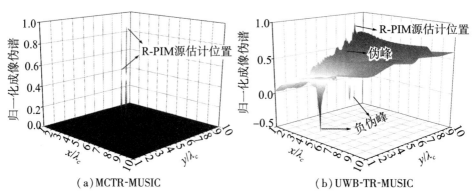

（a）MCTR-MUSIC　　　　　　（b）UWB-TR-MUSIC

图 3-16　当 SNR = 10 dB 时，沿 x 轴紧邻分布的两个 R-PIM 源定位的三维归一化伪谱分布图

3.3.5 计算复杂度分析

此小节通过统计浮点计算复杂度，重点分析了 MCTR-MUSIC 和 UWB-TR-MUSIC 的计算复杂度。这两个方法的计算复杂度 C 主要包含了 SVD 计算复杂度 C_{SVD} 和伪谱计算复杂度 C_{IF}，即

$$C = C_{\text{SVD}} + C_{\text{IF}} \tag{3-16}$$

MCTR-MUSIC 和 UWB-TR-MUSIC 均需根据 SVD 对时间反演算子进行分解，其计算复杂度 $C_{\text{SVD}} = 3N^3 + (2a + 2) N^3$，式中，$a$ 为评估因子[141]。那么，对于整个频段内的 UWB-TR-MUSIC 和 MCTR-MUSIC，其 SVD 计算复杂度分别为

$$C_{\text{SVD(UWB-TR-MUSIC)}} = QC_{\text{SVD}} \tag{3-17}$$

$$C_{\text{SVD(MCTR-MUSIC)}} = LC_{\text{SVD}} \tag{3-18}$$

式（3-17）中，Q 为在工作频段中均匀采样的总频点数。式（3-18）中，L 为利用 WCF 方法从 Q 个均匀采样频点数中优化后的总频点数。

针对 UWB-TR-MUSIC 的成像伪谱所需的伪谱计算复杂度 $C_{\text{IF(UWB-TR-MUSIC)}}$，每一处频点内积计算中包含有 $N^2(N - M + 1) + N$ 的乘法次数及 $N^2(N - M) - 1$ 的加法次数。对于 Q 个均匀采样频点，总的 $C_{\text{IF(UWB-TR-MUSIC)}}$ 可由下式计算而得

$$C_{\text{IF(UWB-TR-MUSIC)}} = Q\left[2N^3 + (1 - 2M)N^2 + N - 1\right] \tag{3-19}$$

针对 MCTR-MUSIC 的伪谱计算复杂度 $C_{\text{IF(MCTR-MUSIC)}}$，在式(3-9)中，需要 $(Q-1)N^2$ 的乘法次数和 $(Q-1)(2N^2-N)$ 的加法次数；在式(3-11)中，需要 $N(N-M)$ 的乘法次数和 $(N-1)(N-M)$ 的加法次数；在式(3-12)中，每一优化频点处的计算内积需要 $2N^2+N$ 的乘法次数和 N^2-1 的加法次数；在式(3-14)中，需要 $3L-1$ 的计算次数。最终，总的 $C_{\text{IF(MCTR-MUSIC)}}$ 可由下式计算而得

$$C_{\text{IF(MCTR-MUSIC)}} = L(3N^2+N+2) + (Q-1)(3N^2-N) - 1 \qquad (3\text{-}20)$$

结合 SVD 分解的计算复杂度，UWB-TR-MUSIC 和 MCTR-MUSIC 的总计算复杂度 C 可由下式分别计算而得

$$C_{\text{MCTR-MUSIC}} = L(13N^3+3N^2+N+2) + (Q-1)(3N^2-N) - 1 \qquad (3\text{-}21)$$

$$C_{\text{UWB-TR-MUSIC}} = Q(15N^3+(1-2M)N^2+N) + 1 \qquad (3\text{-}22)$$

表 3-2 更为详细地给出了 MCTR-MUSIC 和 UWB-TR-MUSIC 成像伪谱所需的计算复杂度。

表 3-2　MCTR-MUSIC 和 UWB-TR-MUSIC 成像伪谱所需的计算复杂度

多频 TR-MUSIC 方法		成像伪谱所需的计算复杂度	
		WCF 和最优噪声向量	内积
UWB-TR-MUSIC		—	$Q[(2N-2M+1)N^2 + N-1]$
MCTR-MUSIC	$L=Q$	$2N^2-(2M+1)N+M$	$Q(3N^2+N-1)$
	$L<Q$	$(3Q-1)N^2-(2M+Q)N+M$	$L(3N^2+N-1)$

根据上述的计算复杂度的统计理论分析，分别定义了 MCTR-MUSIC 和 UWBTR-MUSIC 计算复杂度之比为

$$r_C = \frac{C_{\text{MCTR-MUSIC}}}{C_{\text{UWB-TR-MUSIC}}} \times 100\% \qquad (3\text{-}23)$$

和成像运行时间之比为

$$r_t = \frac{t_{\text{MCTR-MUSIC}}}{t_{\text{UWB-TR-MUSIC}}} \times 100\% \qquad (3\text{-}24)$$

式(3-24)中，$t_{\text{MCTR-MUSIC}}$ 和 $t_{\text{UWB-TR-MUSIC}}$ 分别为 MCTR-MUSIC 和 UWB-TR-

MUSIC 的平均成像运行时间，两者运行条件相同。

图 3-17 和图 3-18 分别展示了 MCTR-MUSIC 与 UWB-TR-MUSIC 计算复杂度之比 r_c 及成像运行时间之比 r_t。在图 3-17 中，MCTR-MUSIC 通过 WCF 获取优化采样频点数分别为 40、60、100；UWB-TR-MUSIC 的均匀采样频点总数变化范围为 200 ~ 800。

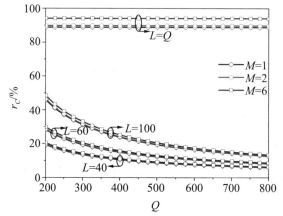

图 3-17　MCTR-MUSIC 与 UWB-TR-MUSIC 的计算复杂度之比

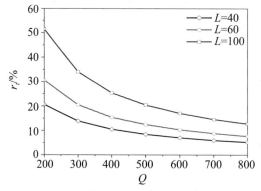

图 3-18　MCTR-MUSIC 与 UWB-TRMUSIC 成像的运行时间之比

当通过 WCF 将均匀采样频点数 Q 优化至 L 时，MCTR-MUSIC 仅需要 L 次 SVD，而 UWB-TR-MUSIC 则需要 Q 次 SVD，极大地减少了由于 SVD 带来的高阶计算复杂度，使得 MCTR-MUSIC 的总体计算复杂度远小于 UWB-TR-MUSIC。即使不利用 WCF 进行采样频点数优化，计算复杂度之比也略小于 1，这表明了 MCTR-MUSIC 的计算复杂度仍然略优于 UWB-TR-MUSIC，主要是因为在 MCTR-MUSIC 的成像伪谱计算中，高维度的噪声子空间被降维至最优噪声向量。随着 R-PIM 源数目的增多，MCTR-MUSIC 的计算复杂度有所轻微地提升。另外，随着优化频点数 L 的减小，计算复杂度之比显著地降低，但 L 的值不能持续地减小，否则会影响 MCTR-MUSIC 的成像性能。以两个 R-PIM 源目标的成像定位为例，在图 3-18 中，当从均匀采样频点数 $Q = 301$ 优化出非均匀采样的频点数 $L = 40$ 时，前者使得 UWB-TR-MUSIC 的总体成像运行时间为 25.7 秒，后者使得 MCTR-MUSIC 的总体成像运行时间缩短至 3.56 秒，仅为 UWB-TR-MUSIC 总体成像运行时间的 1/7。从图 3-17 和图 3-18 中可以看出，成像运行时间之比与计算复杂度之比也相对吻合，也在一定程度上佐证了浮点计算复杂度理论统计的正确性。

3.3.6 定位精度分析

以计算定位均方根估计（root mean square estimation，RMSE）分析定位误差，从而实现对 MCTR-MUSIC 成像定位精度的评估，具体可由下式计算而得

$$\text{RMSE} = \sqrt{\frac{1}{Z}\sum_{z=1}^{z}(r_z - p)^2} \tag{3-25}$$

式中，$Z = 1000$ 为数值仿真的总次数；r_z 和 p 分别为通过成像图中最大伪谱峰值估计的坐标位置和 R-PIM 源目标的实际坐标位置。

图 3-19 为随优化频点数 L 变化的 MCTR-MUSIC 的定位 RMSE。当优化频点数 L 很小时，MCTR-MUSIC 的定位 RMSE 近乎为零，这表明 MCTR-MUSIC 与 UWB-TR-MUSIC 相比，可凭借 WCF 优化的少数采样频点数便可保证同样的成像定位高精度，无须所有密度均匀采样的更多频点数。图 3-20 为随 TRM 阵列单元数 N 变化的 MCTR-MUSIC 和 UWB-TR-MUSIC 的定位 RMSE。在 UWB-TR-MUSIC 中，均匀采样的总频点数为 $Q = 301$，TRM 阵列单元数 N 增大使得 MCTR-MUSIC 和 UWB-TR-MUSIC 的定位 RMSE 均减小。当定位 RMSE 减小至零时，MCTR-MUSIC 所需的阵列单元数小于 UWB-TR-MUSIC，主要原因在于 MCTR-MUSIC 中多频成像伪谱的级联相乘抑制了非

R-PIM 源位置处的成像伪谱伪峰或较大的成像伪谱值。在 UWB-TR-MUSIC 中，多频成像函数内积累加无法抑制这些较大成像伪谱值，则需要更多的 TRM 天线单元来应对定位 RMSE 的减小。对于 MCTR-MUSIC，与图 3-19 中分析结果相似，当 $N=6$ 时可以明显地观测到定位 RMSE 随优化频点数 L 增大而逐渐减小。当 TRM 阵列单元数增多至 10 时，MCTR-MUSIC 的定位 RMSE 曲线逐渐趋于平缓，这是由于 TRM 阵列单元数已足够提供较为精准的定位 RMSE，此时 MCTR-MUSIC 中的多频成像伪谱级联相乘抑制噪声的作用相对较小。

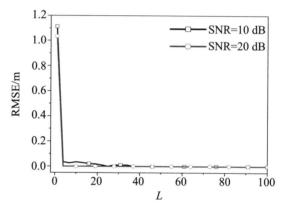

图 3-19　随优化频点 L 变化的 MCTR-MUSIC 的定位 RMSE

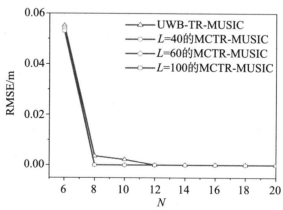

图 3-20　随 TRM 阵列单元数 N 变化的 MCTR-MUSIC 和 UWB-TR-MUSIC 的定位 RMSE

3.4 本章小结

在第二章传统多频 UWB-TR-MUSIC 成像方法的基础上，本章提出了一种基于多频伪谱级联相乘的 MCTR-MUSIC 成像方法。首先，通过 WCF 对若干频点的 SSS-MDM 矩阵进行非均匀采样优化，消除频段内的冗余信息并获取优化频点的 SSS-MDM 矩阵；然后，根据优化频点处的 SSS-MDM 矩阵，计算其对应的多频点时间反演算子并对其进行 SVD 分解；最后，建立多频基于噪声子空间最优噪声向量的成像伪谱，将其归一化级联相乘得到 MCTR-MUSIC 成像伪谱图。该方法通过多频伪谱级联相乘有效地解决了非 R-PIM 源目标处的成像伪峰和较大成像伪谱值导致的成像"脏图"问题，提高了成像分辨率，实现了 R-PIM 源的"清洁"成像。同时，利用 WCF 优化频点和最优向量使得成像的计算复杂度得到了有效地降低。通过对 R-PIM 源成像定位数值仿真中的成像分辨率、计算复杂度、运行耗时及成像定位精度等性能的对比分析，展示了 MCTR-MUSIC 成像方法的优越性。

第四章

基于截断时间反演算子的低复杂度成像定位

从第三章中可以看到，尽管利用 WCF 频点优化实现了在全频段多频成像计算的高计算复杂度的降低，但随着大阵列的应用，在单频点处的成像计算的高计算复杂度问题尚未得到有效的解决。具体来说，传统单频时间反演算子子空间成像主要的计算复杂度是子空间分解计算和观测区域成像伪谱的搜索计算。观测区域成像伪谱的搜索计算一般取决于成像区本身大小和离散搜索网格点划分的个数，常受限于实际的成像条件。而 SVD 则是分解出信号子空间和噪声子空间最为关键的计算复杂度，该计算复杂度随 TRM 阵列单元增多呈指数型增长趋势，影响了成像定位算法运行时间，降低了相控阵中 R-PIM 源定位效率。针对第二章和第三章相控阵中 R-PIM 源目标成像定位的单频点时间反演算子子空间成像依然面临着 SVD 分解导致的高计算复杂度问题。本章提出并研究了基于截断时间反演算子 TTRO 的低复杂度子空间成像的 R-PIM 源定位方法，以满足相控阵中 R-PIM 源快速检测的定位需求。

4.1 被动辐射式 R-PIM 源的信号模型

理论上，当多路信号传播至非线性效应处激活形成 R-PIM 源时，辐射出新频率的 PIM 杂散信号。除此之外，正如第一章中图 1-2（a）所示，此时也会由于散射特性而形成同频的散射信号。根据这一特性，假设 TRM 阵列中仅有某一单元发射单路信号，则在具有非线性效应处能散射回该频率的信号，此时可被认为是二次辐射的 R-PIM 源，如图 4-1 所示。

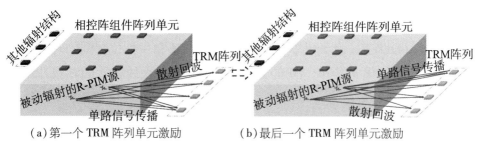

（a）第一个 TRM 阵列单元激励　　　　　（b）最后一个 TRM 阵列单元激励

图 4-1　被动辐射式 R-PIM 源

根据图 4-1 中被动辐射式 R-PIM 的回波散射过程，构建如图 4-2 所示的基于被动辐射式的 R-PIM 源定位信号模型图。与图 3-2 基本一致，被定位的 R-PIM 源目标位置坐标为 $r_m(1 \leqslant m \leqslant M)$。在本章中，该 R-PIM 源目标可认为是理想的二次辐射点源，类似于散射体，考虑其散射系数为 c_m，相应 TRM 阵列单元用于接收回波散射信号及定位 R-PIM 源目标的位置，该 TRM 阵列单元坐标位置为 $r_n(1 \leqslant n \leqslant N)$。其余设置与图 3-2 基本一致，在本章中，考虑以下情况。

（1）假设 R-PIM 源为被动散射的二次辐射点源。

（2）忽略 R-PIM 源之间以及目标与背景的多次散射，模型中的散射均满足玻恩近似。

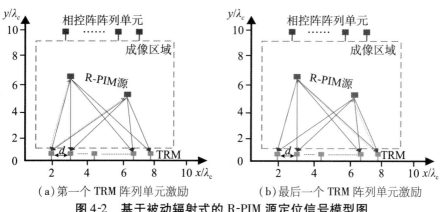

（a）第一个 TRM 阵列单元激励　　　　　（b）最后一个 TRM 阵列单元激励

图 4-2　基于被动辐射式的 R-PIM 源定位信号模型图

通过 TRM 中的每一个阵列单元依次发射信号 $x(t)$ 辐射成像空间，经过所有 R-PIM 源目标的散射，最终利用 TRM 采集的全部回波散射信号。于是，定义第 j 个天线单元发射信号 $x(t)$ 后，第 n 个天线单元接收的接收散射信号 $R_{nj}(t)$ 为

$$R_{nj}(t) = \sum_{m=1}^{M} c_m G_{nm}(t) \otimes (w_{mj}(t) \otimes x(t)) \qquad (4\text{-}1)$$

式中，$G_{nm}(t)$ 为第 n 个天线单元与第 m 个 R-PIM 源目标位置间的时域冲激响应；$w_{mj}(t)$ 为第 m 个 R-PIM 源目标与第 j 个发射天线单元的时域冲激响应；$\otimes$ 为卷积运算符号。将所接收到的回波散射信号写成矩阵的形式，则有

$$\boldsymbol{R}(t) = \begin{bmatrix} R_{11}(t) & R_{12}(t) & \cdots & R_{1N}(t) \\ R_{21}(t) & R_{22}(t) & \cdots & R_{2N}(t) \\ \vdots & \vdots & & \vdots \\ R_{N1}(t) & R_{N2}(t) & \cdots & R_{NN}(t) \end{bmatrix} \qquad (4\text{-}2)$$

通过傅里叶变换将式(4-2)转化成频域散射信号 $\boldsymbol{R}(\omega)$，可写为

$$\boldsymbol{R}(\omega) = \begin{bmatrix} R_{11}(\omega) & R_{12}(\omega) & \cdots & R_{1N}(\omega) \\ R_{21}(\omega) & R_{22}(\omega) & \cdots & R_{2N}(\omega) \\ \vdots & \vdots & & \vdots \\ R_{N1}(\omega) & R_{N2}(\omega) & \cdots & R_{NN}(\omega) \end{bmatrix} \qquad (4\text{-}3)$$

$R_{nj}(\omega)$ 是接收时域信号 $R_{nj}(t)$ 的傅里叶变换形式。结合式(4-1)，$R_{nj}(\omega)$ 可由下式(4-4)计算所得，则有

$$R_{nj}(\omega) = \sum_{m=1}^{M} c_m G_{nm}(\omega) w_{mj}(\omega) x(\omega) \qquad (4\text{-}4)$$

式中，$G_{nm}(\omega)$、$w_{mj}(\omega)$ 和 $x(\omega)$ 分别为 $G_{nm}(t)$、$w_{mj}(t)$ 和 $x(t)$ 的傅里叶变换形式。结合式(4-3)和式(4-4)，全部频域散射信号 $\boldsymbol{R}(\omega)$ 可由矩阵 $\boldsymbol{G}(\omega)$、$\boldsymbol{W}(\omega)$ 和 $x(\omega)$ 计算而得

$$\boldsymbol{R}(\omega) = \boldsymbol{G}(\omega)\boldsymbol{C}\boldsymbol{W}(\omega)x(\omega) \qquad (4\text{-}5)$$

式中，$\boldsymbol{C}$、$\boldsymbol{G}(\omega)$ 和 $\boldsymbol{W}(\omega)$ 分别为

$$\boldsymbol{C} = \begin{bmatrix} C_1 & C_2 & \cdots & C_M \\ C_1 & C_2 & \cdots & C_M \\ \vdots & \vdots & & \vdots \\ C_1 & C_2 & \cdots & C_M \end{bmatrix} \qquad (4\text{-}6)$$

$$G(\omega) = \begin{bmatrix} G_{11}(\omega) & G_{12}(\omega) & \cdots & G_{1M}(\omega) \\ G_{21}(\omega) & G_{22}(\omega) & \cdots & G_{2M}(\omega) \\ \vdots & \vdots & & \vdots \\ G_{N1}(\omega) & G_{N2}(\omega) & \cdots & G_{NM}(\omega) \end{bmatrix} \qquad (4\text{-}7)$$

$$W(\omega) = \begin{bmatrix} W_{11}(\omega) & W_{12}(\omega) & \cdots & W_{1N}(\omega) \\ W_{21}(\omega) & W_{22}(\omega) & \cdots & W_{2N}(\omega) \\ \vdots & \vdots & & \vdots \\ W_{M1}(\omega) & W_{M2}(\omega) & \cdots & W_{MN}(\omega) \end{bmatrix} \qquad (4\text{-}8)$$

根据式(4-5)，SS-MDM 矩阵 $K(\omega)$ 便可通过计算得

$$K(\omega) = G(\omega)CW(\omega) \qquad (4\text{-}9)$$

式中，需要特别注意的是，引入 $G(\omega)$ 和 $W(\omega)$ 矩阵只是为了后续的噪声子空间的证明与推导，均不能直接获得；$K(\omega)$ 可通过全部频域散射信号 $R(\omega)$ 和频域发射信号 $x(\omega)$ 直接获得。

在式(3-7)叠加高斯白噪声 $\Delta R(\omega)$ 的基础上，将杂波 $\Delta C(\omega)$ 也考虑在接收信号 $R(\omega)$ 中，对于有扰动的 SS-MDM 矩阵 $K_p(\omega)$，则有

$$K_p(\omega) = K(\omega) + \Delta K_1(\omega) + \Delta K_2(\omega) \qquad (4\text{-}10)$$

式中，$\Delta K_1(\omega)$ 可认为是高斯白噪声 $\Delta R(\omega)$ 对于 $K(\omega)$ 的干扰项，SNR 的计算如式(3-8)所示；$\Delta K_2(\omega)$ 可认为是杂波 $\Delta C(\omega)$ 对于 $K(\omega)$ 的干扰项，引入信杂比(signalto clutter ratio, SCR)[121,1421]，有

$$\mathrm{SCR} = \frac{\sum_{i,j=1}^{N} \iint_{\Omega} |K_{i,j}(\omega)|^2 \mathrm{d}\omega}{\sum_{i,j=1}^{N} \iint_{\Omega} |\Delta K_{2,i,j}(\omega)|^2 \mathrm{d}\omega} \qquad (4\text{-}11)$$

在第三章中是对 SSS-MDM 进行时间反演算子的计算，在本章中是对 SS-MDM 进行时间反演算子计算，但本质上，SSS-MDM 和 SS-MDM 均为多静态的数据矩阵。本章所述的成像方法不仅适用于图 4-2 的信号模型，也同样适用于图 3-2 的信号模型。

4.2 截断时间反演算子及其选取策略

在时间反演算子中，每一列向量均含有 TRM 阵列以及 R-PIM 源的混合位置信息，在前述 TTRO 中假设为选取时间反演算子中的前 M 列。实际上，可任意选取 M 列向量重构成 TTRO，称为随机截断时间反演算子（random TTRO，R-TTRO）。由于 TTRO 为时间反演算子的分块矩阵，R-TTRO 则会增加时间反演算子随机列向量的不确定性，可能会减弱成像性能，最终导致定位偏差。因此，提出以下三种 TTRO 选取策略：（1）基于前 M 列向量组的标准截断时间反演算子（standard TTRO，S-TTRO）；（2）基于欧几里得范数的截断时间反演算子（Euclid-norm TTRO，E-TTRO）；（3）多截断时间反演算子组（multiple TTRO，M-TTRO）。

时间反演算子由式（4-10）中的 SS-MDM 矩阵计算而得，将其重写为

$$T = [t_1, \ t_2, \ \cdots, \ t_M, \ t_{M+1}, \ \cdots, \ t_N] \tag{4-12}$$

式中，$t_i(1 \leq i \leq N)$ 为时间反演算子中的第 i 列向量。S-TTRO 是时间反演算子中的前 M 项的列向量组成的分块矩阵，即

$$T_t^S = [t_1, \ t_2, \ \cdots, \ t_M] \tag{4-13}$$

那么剩下的 N-M 项的列向量则组成了分块矩阵 ΔT，即

$$\Delta T = [t_{M+1}, \ t_{M+2}, \ \cdots, \ t_N] \tag{4-14}$$

与 R-TTRO 类似，S-TTRO 同样也没有对 SS-MDM 的数据特性进行预评估。在 S-TTRO 中，数据的随机性同样不可避免。因此，E-TTRO 指的是通过计算时间反演算子中的每一列向量的欧几里得范数，并比较其大小，选取前 M 列较大的欧几里得范数列向量重组成 TTRO，如下式

$$T_t^E = [t_1^E, \ t_2^E, \ \cdots, \ t_m^E, \ \cdots, \ t_M^E] \tag{4-15}$$

式中，$t_m^E(1 \leq m \leq M)$ 为在时间反演算子所有列向量中，按欧几里得范数的大小排列，在第 m 个的列向量，并非在时间反演算子中第 m 个列向量。此

时剩下的 N-M 项列向量按照 TRM 单元索引依次排列并组成 ΔT。然而，S-TTRO 和 E-TTRO 仅凭借时间反演算子的部分列向量构成，失去了部分 TRM 阵列所接收到的位置信息。在低 SNR 和低 SCR 等强干扰环境下，基于 TTRO 的子空间成像法的成像性能将会被弱化。为保证在 TTRO 中的信息完整性，提出了将时间反演算子信息充分用于成像计算的 M-TTRO 中，可由下式得

$$\begin{cases} \boldsymbol{T}_{t,1} = \boldsymbol{T}_t^{\mathrm{S}} = \begin{bmatrix} t_1, & t_2, & \cdots, & t_M \end{bmatrix} \\ \boldsymbol{T}_{t,2} = \begin{bmatrix} t_2, & t_3, & \cdots, & t_{M+1} \end{bmatrix} \\ \cdots\cdots\cdots \\ \boldsymbol{T}_{t,N-M+1} = \begin{bmatrix} t_{N-M+1}, & t_{N-M+2}, & \cdots, & t_N \end{bmatrix} \end{cases} \tag{4-16}$$

S-TTRO 和 E-TTRO 的矩阵维度从时间反演算子的 $N \times N$ 降维至 $N \times M$，有利于快速地获取信号子空间和噪声子空间。由于 S-TTRO 目标位置的改变使得前 M 项列向量的静态数据随机性增强，容易产生较大的成像定位误差。通过比较时间反演算子中的每一列向量的欧几里得范数可得，M 项较大范数的列向量组成了 E-TTRO。相较于 S-TTRO，E-TTRO 中含有最主要的信息成分，受噪声或杂波的干扰较少；M-TTRO 进一步充分利用了时间反演算子的每一列信息，更有利于 R-PIM 源目标的准确成像定位。

4.3 基于截断时间反演算子的分解子空间成像

4.3.1 截断时间反演算子的分解子空间理论推导

仅考虑中心频率处的单频时间反演算子，定义 $\boldsymbol{K}_P = \boldsymbol{K}_P(\omega)$，时间反演算子矩阵 $\boldsymbol{T}$ 便可写为

$$\boldsymbol{T} = \boldsymbol{K}_P \boldsymbol{K}_P^{\mathrm{H}} \tag{4-17}$$

将 $\boldsymbol{T}$ 矩阵进行分块获得 TTRO 矩阵 $\boldsymbol{T}_t$，有

$$\boldsymbol{T} = \begin{bmatrix} \boldsymbol{T}_t & \Delta\boldsymbol{T} \end{bmatrix} \tag{4-18}$$

式中，$\boldsymbol{T}_t$ 和 $\Delta\boldsymbol{T}$ 矩阵的维度分别为 $N \times M$ 和 $N \times (N-M)$。假设 $\Delta\boldsymbol{K}_1$ 和 $\Delta\boldsymbol{K}_2$ 是极小的值或考虑是在无噪声情况下，则 $\boldsymbol{K}_P \cong \boldsymbol{K}$，$\boldsymbol{T}$ 可由 $\boldsymbol{G}$ 和 $\boldsymbol{W}$ 矩阵的矩阵运算得

$$\boldsymbol{T} = \boldsymbol{K}\boldsymbol{K}^{\mathrm{H}} = \boldsymbol{G}\boldsymbol{C}\boldsymbol{W}(\boldsymbol{G}\boldsymbol{C}\boldsymbol{W})^{\mathrm{H}} \tag{4-19}$$

定义 $\boldsymbol{Y}$ 矩阵为 $\boldsymbol{Y} = \boldsymbol{C}\boldsymbol{W}\boldsymbol{W}^{\mathrm{H}}\boldsymbol{C}^{\mathrm{H}}$，并将式(4-19)展开，则有

$$\boldsymbol{T} = \boldsymbol{K}\boldsymbol{K}^{\mathrm{H}} = \boldsymbol{G}\boldsymbol{C}\boldsymbol{W}(\boldsymbol{G}\boldsymbol{C}\boldsymbol{W})^{\mathrm{H}} = \boldsymbol{G}\boldsymbol{Y}\boldsymbol{G}^{\mathrm{H}} \tag{4-20}$$

对于 M 个 R-PIM 源目标的成像定位，信号子空间 $\boldsymbol{E}_s$ 的维度为 $N \times M$。这表明 $\boldsymbol{T}_t$ 和 $\boldsymbol{E}_s$ 列向量张成的空间是一致的，于是对于 $\boldsymbol{G}$ 矩阵，也需要进行矩阵分块以便满足 $\boldsymbol{T}_t$ 的空间维度，则有

$$\boldsymbol{G} = \begin{bmatrix} \boldsymbol{G}_1 \\ \boldsymbol{G}_2 \end{bmatrix} \tag{4-21}$$

式中，$\boldsymbol{G}_1$ 和 $\boldsymbol{G}_2$ 的矩阵维度分别为 $M \times M$ 和 $(N-M) \times M$。将式(4-21)代入式(4-20)，$\boldsymbol{T}$ 可重写为

$$\boldsymbol{T} = \boldsymbol{G}\boldsymbol{Y}\boldsymbol{G}^{\mathrm{H}} = \boldsymbol{G}\boldsymbol{Y}\begin{bmatrix} \boldsymbol{G}_1 \\ \boldsymbol{G}_2 \end{bmatrix}^{\mathrm{H}} = \begin{bmatrix} \boldsymbol{G}\boldsymbol{Y}\boldsymbol{G}_1^{\mathrm{H}} & \boldsymbol{G}\boldsymbol{Y}\boldsymbol{G}_2^{\mathrm{H}} \end{bmatrix} \tag{4-22}$$

由式(4-22)可得 $\boldsymbol{T}_t = \boldsymbol{G}\boldsymbol{Y}\boldsymbol{G}\boldsymbol{G}_1^{\mathrm{H}}$ 和 $\Delta\boldsymbol{T} = \boldsymbol{G}\boldsymbol{Y}\boldsymbol{G}_2^{\mathrm{H}}$，利用 QRD 方法对 $\boldsymbol{T}_t$ 进行正三角矩阵分解，可得

$$\boldsymbol{T}_t = \boldsymbol{Q}\boldsymbol{R} \tag{4-23}$$

式中，$\boldsymbol{Q}$ 和 $\boldsymbol{R}$ 分别为 $N \times N$ 的正交酉方阵和 $N \times M$ 上三角矩阵。对于 $N > M$，$\boldsymbol{R}$ 矩阵的元素从第 $M+1$ 行开始均为 0，即 $\boldsymbol{R}_2 = 0$，$\boldsymbol{R}_2$ 矩阵维度为 $(N-M) \times M$。将式(4-23)左右两端左乘 $\boldsymbol{Q}^{\mathrm{H}}$，可得

$$\boldsymbol{Q}^{\mathrm{H}}\boldsymbol{T}_t = \boldsymbol{Q}^{\mathrm{H}}\boldsymbol{Q}\boldsymbol{R} = \boldsymbol{R} \tag{4-24}$$

结合酉矩阵性质 $\boldsymbol{Q}^{\mathrm{H}}\boldsymbol{Q} = \boldsymbol{I}$ 及 $\boldsymbol{R}_2 = 0$，将 $\boldsymbol{Q}$ 矩阵分块为 $\boldsymbol{Q}_1$ 和 $\boldsymbol{Q}_2$，式(4-24)可进一步写为

$$\boldsymbol{Q}^{\mathrm{H}}\boldsymbol{T}_t = \boldsymbol{R} \Leftrightarrow \begin{bmatrix} \boldsymbol{Q}_1 & \boldsymbol{Q}_2 \end{bmatrix}^{\mathrm{H}}\boldsymbol{T}_t = \begin{bmatrix} \boldsymbol{R}_1 \\ \hline 0 \end{bmatrix} \tag{4-25}$$

式中，$\boldsymbol{Q}_1$ 和 $\boldsymbol{Q}_2$ 矩阵维度分别为 $N \times M$ 和 $N \times (N-M)$。对于 $\boldsymbol{Q}_2$ 矩阵，将式(4-25)展开可得

$$\boldsymbol{Q}_2^{\mathrm{H}} \boldsymbol{T}_t = \boldsymbol{R}_2 = 0 \Leftrightarrow \boldsymbol{Q}_2^{\mathrm{H}} \boldsymbol{T}_t = 0 \tag{4-26}$$

结合式(4-22)，将式(4-26)中的 $\boldsymbol{T}_t$ 展开，有

$$\boldsymbol{Q}_2^{\mathrm{H}} \boldsymbol{G} \boldsymbol{Y} \boldsymbol{G}_1^{\mathrm{H}} = 0 \Leftrightarrow \boldsymbol{G}_1 \boldsymbol{Y}^{\mathrm{H}} \boldsymbol{G}^{\mathrm{H}} \boldsymbol{Q}_2 = 0 \tag{4-27}$$

因为 $\boldsymbol{G}_1$ 和 $\boldsymbol{Y} = \boldsymbol{C} \boldsymbol{W} \boldsymbol{W}^{\mathrm{H}} \boldsymbol{C}^{\mathrm{H}}$ 均为可逆矩阵，式(4-27)可写为

$$\boldsymbol{G}^{\mathrm{H}} \boldsymbol{Q}_2 = 0 \tag{4-28}$$

由于 $\boldsymbol{Q}$ 为正交酉矩阵，则有

$$\boldsymbol{Q}_1^{\mathrm{H}} \boldsymbol{Q}_2 = 0 \tag{4-29}$$

于是，$\boldsymbol{E}_{s,\mathrm{QRD}} = \boldsymbol{Q}_1$ 和 $\boldsymbol{E}_{n,\mathrm{QRD}} = \boldsymbol{Q}_2$ 可分别认为是信号子空间和噪声子空间，这仅需对 TTRO 进行 QRD 分解便可获得，而无须完整时间反演算子的 SVD 分解。

上述信号子空间和噪声子空间的证明推导过程均适用于 S-TTRO 和 E-TTRO。对于 M-TTRO，从每一 TTRO 分解出的空间 $\boldsymbol{Q}_{t,j}(1 \leqslant j \leqslant N-M+1)$ 可表示为

$$\begin{cases} \boldsymbol{T}_{t,1} = \boldsymbol{Q}_{t,1} \boldsymbol{R}_{t,1} \\ \boldsymbol{T}_{t,2} = \boldsymbol{Q}_{t,2} \boldsymbol{R}_{t,2} \\ \cdots\cdots\cdots \\ \boldsymbol{T}_{t,N-M+1} = \boldsymbol{Q}_{t,N-M+1} \boldsymbol{R}_{t,N-M+1} \end{cases} \tag{4-30}$$

利用式(4-30)的 $\boldsymbol{Q}_{t,j}$，平均空间可由下式获得，即

$$\overline{\boldsymbol{Q}} = \frac{1}{N-M+1} \sum_{j=1}^{N-M+1} \boldsymbol{Q}_{t,j} \tag{4-31}$$

与式(4-29)类似，在 $\overline{\boldsymbol{Q}}$ 中，前 M 项列向量组成基于 M-TTRO 的平均信号子空间，而剩下的 $N-M$ 项列向量则组成基于 M-TTRO 的平均噪声子空间。

4.3.2 截断时间反演算子的分解信号子空间成像原理

结合式(4-29)所述的信号子空间，建立 TTRO-DORT 的成像函数有

$$I_{\text{TTRO-DORT}}^{m}(r) = | \langle g(r), q_m^* \rangle |$$ (4-32)

式中，$g(r)$ 为成像区域内离散的搜索点与 TRM 阵列间的传输矩阵，可由下式获得

$$g(r) = [G(r, r_1), G(r, r_2), \cdots, G(r, r_N)]^{\text{T}}$$ (4-33)

$q_m(1 \leqslant m \leqslant M)$ 为信号子空间 $E_{s,\text{QRD}}$ 的第 m 个特征向量。

4.3.3 截断时间反演算子的分解噪声子空间成像原理

结合式(4-28)所述的噪声子空间，建立 TTRO-MUSIC 成像函数有

$$I_{\text{TTRO-MUSIC}}(r) = \left[\sum_{l=M+1}^{N} | \langle g(r), (q_{l,\text{QRD}})^* \rangle |^2 \right]^{-1}$$ (4-34)

式中，$q_{l,\text{QRD}}$ 为噪声子空间 $E_{n,\text{QRD}}$ 的向量。

4.4 基于截断时间反演算子的估计子空间成像

4.4.1 传播算子估计噪声子空间理论推导

除了通过 TTRO 直接分解获取子空间，还可以利用 PM 方法对 TTRO 进行子空间估计。定义线性传播算子 P，满足下式，有

$$P^{\text{H}} G_1 = G_2$$ (4-35)

式中，线性传播算子 P 的矩阵维度为 $M \times (N-M)$。通过矩阵运算数学手段构造噪声子空间与信号传输矩阵共轭转置 G^{H} 的正交性，定义矩阵 $Q_{\text{PM}}^{\text{H}} = [P^{\text{H}} - I]$，并将 T^{H} 左乘 Q_{PM}^{H}，即

$$[P^{\text{H}} - I] T^{\text{H}} \cong [P^{\text{H}} - I] \begin{bmatrix} G_1 Y^{\text{H}} G^{\text{H}} \\ G_2 Y^{\text{H}} G^{\text{H}} \end{bmatrix}$$ (4-36)

结合式(4-35)，进一步推导式(4-36)，可得

$$\begin{bmatrix} P^H - I \end{bmatrix} \begin{bmatrix} G_1 Y^H G^H \\ G_2 Y^H G^H \end{bmatrix} = P^H G_1 Y^H G^H - G_2 Y^H G^H = 0 \qquad (4\text{-}37)$$

将 $T_t = GYGG_1^H$ 和 $\Delta T = GYG_2^H$ 代入式(4-37)，进一步推导可得

$$P^H G_1 Y^H G^H - G_2 Y^H G^H = P^H T_t^H - \Delta T^H = 0 \qquad (4\text{-}38)$$

根据式(4-38)，有

$$T_t P = \Delta T \qquad (4\text{-}39)$$

及

$$Q_{PM}^H (GYG^H)^H = Q_{PM}^H GY^H G^H = 0 \qquad (4\text{-}40)$$

进一步计算可得

$$Q_{PM}^H G = 0 \Rightarrow G^H Q_{PM} = 0 \qquad (4\text{-}41)$$

与式(4-28)相似，Q_{PM} 与目标传输矩阵共轭转置 G^H 具有正交性，因此 $E_{n,PM} = Q_{PM}$ 也可认为是噪声子空间。为获取估计出的噪声子空间，应先估计出线性传播算子矩阵 P。结合式(4-39)，利用最小二乘法建立下列代价函数，有

$$\min \| T_t P - \Delta T \|_2^2 \qquad (4\text{-}42)$$

对式(4-42)进行矩阵求导，线性传播算子 P 可由下式估计而得

$$P = (T_t^H T_t)^{-1} T_t^H \Delta T \qquad (4\text{-}43)$$

则估计的噪声子空间 $E_{n,PM} = Q_{PM}^H$ 可由 $Q_{PM}^H = [P^H - I]$ 构造而得。

4.4.2 截断时间反演算子的估计噪声子空间成像原理

与 TTRO 分解的信号子空间和噪声子空间相比，线性传播算子是通过矩阵运算数学手段构造噪声子空间与信号传输矩阵共轭转置 G^H 的正交性，因此只能估计噪声子空间，不能估计信号子空间。同式(4-34)，PM-MUSIC 的成像函数为

$$I_{PM\text{-}MUSIC}(r) = \left[\sum_{l=1}^{N-M} | \langle g(r), (q_{l,PM})^* \rangle |^2 \right]^{-1} \qquad (4\text{-}44)$$

式中，$q_{l,PM}$ 是噪声子空间 $E_{n,PM}$ 的列向量。在 E-TTRO 中，直接将 ΔT 引入计

算会使成像区域传输矩阵 $\boldsymbol{g}(r)$ 行排列混乱，需要对 $\boldsymbol{g}(r)$ 进行重构排列。

例如，假设某观测成像区域中有且只有一个 R-PIM 源目标需要被定位。此时，在时间反演算子所有列向量中，最大欧几里得范数的列向量排在第五列，则重构匹配传输矩阵 $\boldsymbol{g}_m(r)$ 需写为

$$\boldsymbol{g}_m(r) = \left[G(r, r_5, \omega_c), G(r, r_1, \omega_c), \cdots, G(r, r_N, \omega_c) \right]^{\mathrm{T}}$$

(4-45)

而 S-TTRO 不影响 $\boldsymbol{g}(r)$ 的行排序，无须重构传输矩阵。由于在式(4-43)的线性传播算子 $\boldsymbol{P}$ 估计计算中，时间反演算子的所有列向量均参与到噪声子空间的计算中，因此，仅对比分析应用 S-TTRO 和 E-TTRO 的 PM-MUSIC 的成像性能。

4.5 成像仿真结果分析

4.5.1 成像流程与基本设置

通过数值仿真对比 DORTT、TTRO-MUSIC 和 PM-MUSIC 方法的成像性能。考虑中心频率 $\omega_c = 1.7$ GHz，其他仿真设置与 3.3.1 小节基本一致。图 4-3 展示了单个和多个 R-PIM 源目标成像定位的坐标位置示意图。在图 4-3(a) 中，单个 R-PIM 源目标位于 $r_1 = (5\lambda_c, 5\lambda_c)$ 坐标位置，在图 4-3(b) 中，增加了另外一个位于 $r_2 = (3\lambda_c, 6\lambda_c)$ 坐标位置的 R-PIM 源目标。

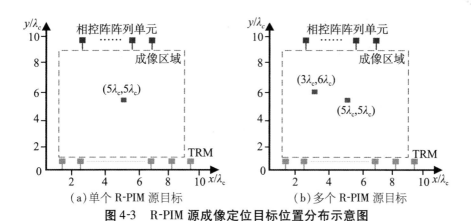

（a）单个 R-PIM 源目标　　　　（b）多个 R-PIM 源目标

图 4-3　R-PIM 源成像定位目标位置分布示意图

采用本章中所提出的 DORTT、TTRO-MUSIC 和 PM-MUSIC 成像法对图 4-3 中的目标进行成像定位，其算法结构示意图如图 4-4 所示，算法具体流程如下。

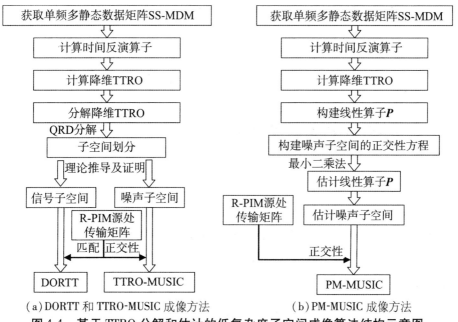

（a）DORTT 和 TTRO-MUSIC 成像方法　　（b）PM-MUSIC 成像方法

图 4-4　基于 TTRO 分解和估计的低复杂度子空间成像算法结构示意图

（1）初始化：①TRM 阵列单元位置 $r_n(1 \leqslant n \leqslant N)$；②R-PIM 源目标位置 $r_m(1 \leqslant m \leqslant M)$；③设置成像区域尺寸为 $9\lambda_c \times 9\lambda_c$，离散成像区域为 100×100 网格。

（2）计算成像区域中的传输矩阵 $\boldsymbol{g}(r) = [\, G(r,\ r_1,\ \omega_c),\ G(r,\ r_2,\ \omega_c),\ \cdots,\ G(r,\ r_N,\ \omega_c)\,]^{\mathrm{T}}$，并将其归一化处理 $\boldsymbol{g}(r) = \boldsymbol{g}(r)/\parallel \boldsymbol{g}(r) \parallel$，构建成像区域的传输矩阵 $\boldsymbol{g}(r)$。

（3）由式（4-17）计算时间反演算子 $\boldsymbol{T}$。

（4）构造 S-TTRO、E-TTRO 和 M-TTRO。

（5）利用 QRD 分解 TTRO，获取 $\boldsymbol{Q}$ 矩阵，从而获得信号子空间 $\boldsymbol{E}_{s,\mathrm{QRD}}$ 和噪声子空间 $\boldsymbol{E}_{n,\mathrm{QRD}}$。

（6）利用 PM 估计噪声子空间 $\boldsymbol{E}_{n,\mathrm{PM}}$，重构匹配传输矩阵 $\boldsymbol{g}_m(r)$。

（7）DORT 成像函数：$I_{\mathrm{DORTT}}^{m}(r) = |\langle \boldsymbol{g}(r),\ q_m^* \rangle|$，TTRO-MUSIC 成像函数：$I_{\mathrm{TTRO\text{-}MUSIC}}(r) = \left[\sum_{l=M+1}^{N} |\langle \boldsymbol{g}(r),\ (q_{l,\mathrm{QRD}})^* \rangle|^2 \right]^{-1}$。

（8）PM-MUSIC 成像函数：$I_{\mathrm{PM\text{-}MUSIC}}(r) = \left[\sum_{l=1}^{N-M} |\langle \boldsymbol{g}(r),\ (q_{l,\mathrm{PM}})^* \rangle|^2 \right]^{-1}$ 或 $I_{\mathrm{PM\text{-}MUSIC}}(r) = \left[\sum_{l=1}^{N-M} |\langle \boldsymbol{g}_m(r),\ (q_{l,\mathrm{PM}})^* \rangle|^2 \right]^{-1}$。

（9）输出：寻找成像伪谱的尖峰值，输出 R-PIM 源估计位置。

4.5.2 单个 R-PIM 源成像定位

（1）DORTT 成像图

首先对单个 R-PIM 源目标的成像定位性能进行对比和分析，图 4-5、图 4-6 和图 4-7 展示了基于不同 TTRO 的 DORTT 成像在不同干扰环境下的单个 R-PIM 源定位图。在成像信号模型中，直接将高斯白噪声项 ΔK_1 叠加在 SS-MDM 上，而在杂波环境中，假设随机分布若干个无关其他点状的散射体，产生强杂波[105]。在图 4-5、图 4-6、图 4-7 中，白色小圆圈代表 R-PIM 源目标的真实位置，朝着目标位置方向始终有一束强伪谱波束，从而可凭借在伪谱波束中的最大伪谱值处进行 R-PIM 源目标位置估计。在 $(5\lambda_c,\ 5\lambda_c)$ 坐标位置，成像伪谱值在成像区域内最大，估计位置与 R-PIM 源实际坐标位置一致，这表明利用 DORTT 可以较为精准地定位 R-PIM 源目标。

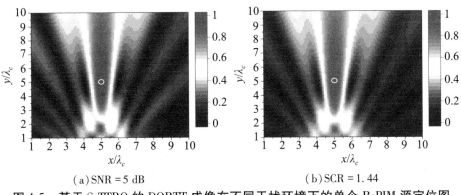

（a）SNR = 5 dB　　　　　　　　（b）SCR = 1.44

图 4-5　基于 S-TTRO 的 DORTT 成像在不同干扰环境下的单个 R-PIM 源定位图

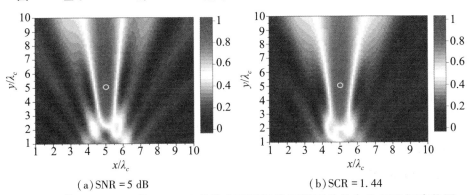

（a）SNR = 5 dB　　　　　　　　（b）SCR = 1.44

图 4-6　基于 E-TTRO 的 DORTT 成像在不同干扰环境下的单个 R-PIM 源定位图

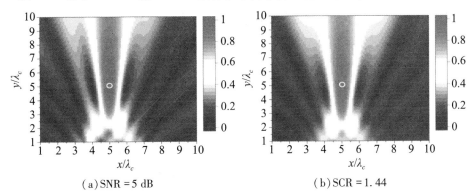

（a）SNR = 5 dB　　　　　　　　（b）SCR = 1.44

图 4-7　基于 M-TTRO 的 DORTT 成像在不同干扰环境下的单个 R-PIM 源定位图

由于 DORTT 本质上与 DORT 一样，也是在成像区域中进行信号匹配的计算，从而展开 R-PIM 源目标的估计，因此在 DORTT 成像图中，在有噪声扰动情况下，便存在较强的白色成像伪谱副瓣波束发散在空间。在图 4-5（a）中，DORTT 成像图的副瓣最大、最多，图 4-6（a）和图 4-7（a）中副瓣相对较小且暗淡。这是因为在强噪声扰动且 TTRO 仅包含部分阵列信息条件下,分解出的信号子空间与 R-PIM 源的传输矩阵具有一定的失配性,使得非 R-PIM 源目标的伪谱波束指向区域内的伪谱值升高,出现较强的副瓣波束,这种情况在 S-TTRO 应用的 DORTT 成像图中更为明显。而 E-TTRO 是阵列信息中最主要的信息成分,使得噪声功率对于信号功率的相对影响最小,从而有效地抑制了伪谱副瓣值升高,更有利于准确地定位。不同于 S-TTRO 和 E-TTRO,M-TTRO 充分利用了阵列信息,也相对地减小了成像伪谱副瓣,如图 4-7(a)所示源定位图。

除了噪声的干扰,杂波情况下的 DORTT 成像伪谱分布如图 4-5(b)、图 4-6(b)和图 4-7(b)所示。当 SCR = 1.44 时,从这些图中可以看到,均存在一主伪谱波束指向目标($5\lambda_c$, $5\lambda_c$)坐标位置。相较于 E-TTRO 和 M-TTRO,S-TTRO 使得 DORTT 伪谱副瓣略微增大,具体原因与噪声环境下分析一致。但在这些图中,DORTT 的成像分布图基本无明显变化,这说明 DORTT 在噪声和杂波环境下也具有较为良好的成像鲁棒性。

(2)TTRO-MUSIC 成像图

DORTT 中指向目标位置的强伪谱波束存在一定宽度,即使补充更多 TRM 天线单元,此伪谱波束的横向宽度也大于衍射极限,即半波长宽度,无法实现紧邻分布的 R-PIM 源目标超分辨定位。

图 4-8、图 4-9 和图 4-10 展示了基于不同 TTRO 的 TTRO-MUSIC 成像在不同干扰环境下的单个 R-PIM 源定位图,在这些图中,成像伪谱的最大谱值处为 R-PIM 源坐标位置处。相较于 DORTT 成像图,TTRO-MUSIC 在目标位置处仅有一细长且尖锐的光斑,且非目标位置处的伪谱值近乎为零,这不仅更有利于得到 R-PIM 源的准确定位,而且 TTRO-MUSIC 成像图中横向伪谱宽度极其窄,可实现多个 R-PIM 源目标的超分辨定位。

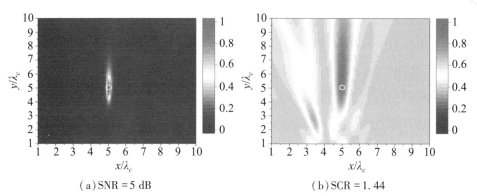

（a）SNR = 5 dB　　　　　　　　　（b）SCR = 1.44

图 4-8　基于 S-TTRO 的 TTRO-MUSIC 成像在不同干扰环境下的单个 R-PIM 源定位图

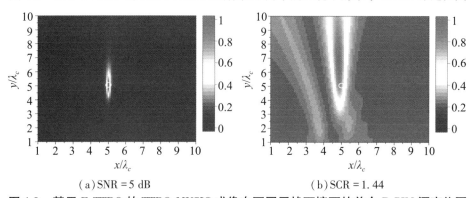

（a）SNR = 5 dB　　　　　　　　　（b）SCR = 1.44

图 4-9　基于 E-TTRO 的 TTRO-MUSIC 成像在不同干扰环境下的单个 R-PIM 源定位图

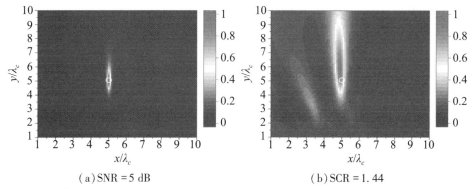

（a）SNR = 5 dB　　　　　　　　　（b）SCR = 1.44

图 4-10　基于 M-TTRO 的 TTRO-MUSIC 成像在不同干扰环境下的单个 RPIM 源定位图

　　在图 4-8（a）中，应用 S-TTRO 的 TTRO-MUSIC 相比于应用 E-TTRO 的图 4-9（a）和应用 M-TTRO 的 TTRO-MUSIC 的图 4-10（a），在 y 轴方向上成像伪谱的宽度更宽。这是因为 S-TTRO 由时间反演算子的头部 M 项列向量构成，缺乏对信号数据的预先评估，使得 S-TTRO 更具数据随机性，受噪声的扰动可能更大，进而降低了 TTRO-MUSIC 成像性能。在图 4-8(b)、图 4-9(b) 和图 4-10(b) 中，成像图中由于杂波的干扰出现了较大的伪谱伪峰，应用 S-TTRO 的 TTRO-MUSIC 相比于应用 E-TTRO 和 M-TTRO 的 TTRO-MUSIC，在非 R-PIM 源目标位置，其成像伪谱分布的谱值更高，甚至出现了伪像，易造成 R-PIM 源位置的错误估计。与噪声干扰的分析一致，E-TTRO 和 M-TTRO 的受干扰更小，噪声子空间和 R-PIM 源位置处的传输向量共轭正交性更强，使得非 R-PIM 源位置处成像伪谱值相对更低。

(3) PM-MUSIC 成像图

图 4-11 和图 4-12 展示了基于不同 TTRO 的 PM-MUSIC 成像在不同干扰环境的单个 R-PIM 源定位图。由于在 PM-MUSIC 中，噪声子空间是通过线性传播算子 $\boldsymbol{P}$ 推演而来，而线性传播算子 $\boldsymbol{P}$ 的估计本身存在较大的误差。因此，PM-MUSIC 的误差在外界强干扰环境中会进一步增大，在更具数据随机性的 S-TTRO 的应用中会更为明显。例如，在图 4-11(a) 中，最大成像伪谱值估计坐标位置为 $(5\lambda_c, 5.45\lambda_c)$，这与 R-PIM 源的真实位置偏差了 $0.45\lambda_c$；在图 4-12(a) 中，最大成像伪谱值估计坐标位置为 $(5\lambda_c, 5\lambda_c)$，与 R-PIM 源的真实位置尚保持一致；在图 4-11(b) 中，最大成像伪谱值估计坐标位置为 $(5\lambda_c, 6.36\lambda_c)$，与 R-PIM 源的真实位置偏差 $1.36\lambda_c$；在图 4-12(b) 中，最大成像伪谱值估计坐标位置为 $(4.91\lambda_c, 5.64\lambda_c)$，与 R-PIM 源的真实位置偏差 $0.65\lambda_c$。这说明 E-TTRO 能在一定程度上降低 STTRO 中由于线性传播算子估计带来的成像误差。

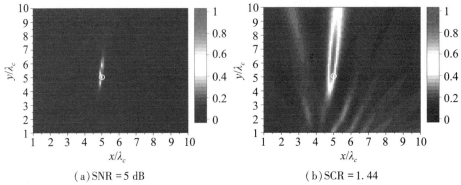

(a) SNR = 5 dB　　　　　　　　(b) SCR = 1.44

图 4-11　基于 S-TTRO 的 PM-MUSIC 成像在不同干扰环境下的单个 R-PIM 源定位图

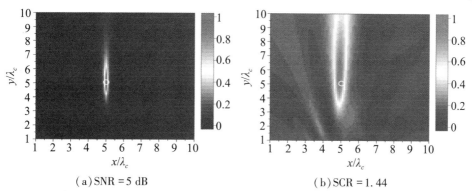

（a）SNR=5 dB （b）SCR=1.44

图4-12　基于 E-TTRO 的 PM-MUSIC 成像在不同干扰环境下的单个 R-PIM 源定位图

4.5.3　多个 R-PIM 源成像定位

（1）DORTT 成像图

本小节对多个 R-PIM 源目标的成像定位性能也进行了对比和分析，两个 R-PIM 源目标分别位于坐标位置 $r_1 = (5\lambda_c, 5\lambda_c)$ 和 $r_2 = (3\lambda_c, 6\lambda_c)$，图4-13、图4-14 和图4-15 为基于不同 TTRO 的 DORTT 成像在噪声环境下的两个 R-PIM 源定位图。

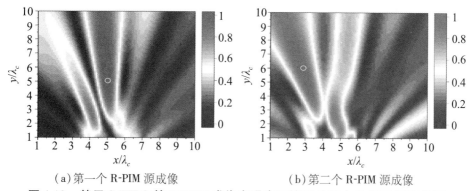

（a）第一个 R-PIM 源成像 （b）第二个 R-PIM 源成像

图4-13　基于 S-TTRO 的 DORTT 成像在噪声环境下的两个 R-PIM 源定位图

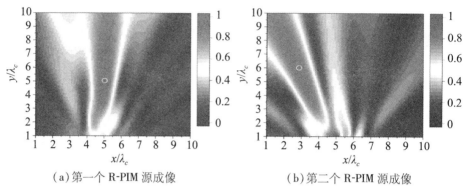

（a）第一个 R-PIM 源成像　　　　（b）第二个 R-PIM 源成像

图 4-14　基于 E-TTRO 的 DORTT 成像在噪声环境下的两个 R-PIM 源定位图

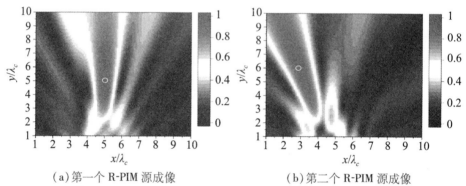

（a）第一个 R-PIM 源成像　　　　（b）第二个 R-PIM 源成像

图 4-15　基于 M-TTRO 的 DORTT 成像在噪声环境下的两个 R-PIM 源定位图

在这些 DORTT 的成像图中，两个 R-PIM 源目标的散射系数均设置为 1，均有较强的伪谱波束分别指向不同的两个 R-PIM 源目标位置。随着更多的目标需要被成像定位，相较于图 4-5，图 4-13 沿着 x 轴和 y 轴方向出现更宽的伪谱展宽及更多更大幅度谱值的伪谱副瓣波束。图 4-14 和图 4-15 亦是如此，但在图 4-13 中尤为明显。此外，在图 4-13 中，成像定位图中除了有指向 $(\lambda_c, 5\lambda_c)$ 和 $(3\lambda_c, 6\lambda_c)$ 坐标位置的强伪谱波束，同样也还有较强的伪谱波束指向其他位置，就会导致 R-PIM 源目标定位的误判。采用 E-TTRO 在一定程度上抑制了非 R-PIM 源目标位置的伪谱值，这在多 R-PIM 源目标定位中的抑制效果较为明显，如图 4-14 所示。在 MTTRO 的应用中，由于全阵列信息的充分利用及更多的干扰在平均信号子空间中得以抑制，有效地减少了伪谱波束副瓣的数量和幅度，使得成像定位更为干净，如图 4-15 所示。

在多 R-PIM 源目标成像中，多个 R-PIM 源目标的散射系数均设置相同，代表该 R-PIM 源目标的散射强度一致，需要进一步研究不同散射强度的 R-PIM 源目标对所述方法成像图的影响。

图 4-16 展示了基于 E-TTRO 的 DORTT 成像在噪声环境下两个不同散射系数的 R-PIM 源定图。其中，假设位于 $r_1 = (5\lambda_c, 5\lambda_c)$ 的 R-PIM 源目标的散射系数为 2，位于 $r_2 = (3\lambda_c, 6\lambda_c)$ 的 R-PIM 源目标的散射系数为 1。图 4-16 同样也能准确成像定位强散射的 R-PIM 源目标和弱散射的 R-PIM 源目标，这是由于散射强度的变化不会影响 $\boldsymbol{Q}$ 子空间的相对相位差。也就是说，信号子空间的向量的相位差与散射强度、散射系数等目标散射特征无关。理论上，在无干扰环境的 DORT 或 DORTT 成像中，散射强度也只会影响特征值大小或 $\boldsymbol{R}$ 矩阵元素的分布，实际与信号子空间中的特征向量或者 $\boldsymbol{Q}$ 中的列向量无关。

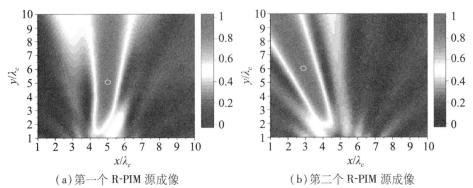

（a）第一个 R-PIM 源成像　　　　（b）第二个 R-PIM 源成像

图 4-16　基于 E-TTRO 的 DORTT 成像在噪声环境下两个不同散射系数的 R-PIM 源定位图

（2）TTRO-MUSIC 成像图

图 4-17 展示了基于不同 TTRO 的 TTRO-MUSIC 成像在噪声环境下的多 R-PIM 源定位图，SNR 设置为 5 dB。R-PIM 源目标的增多导致 TTRO-MUSIC 成像性能变差，主要体现在纵向的成像伪谱展宽变大，主要是因为 TRM 天线阵列单元均匀分布在 x 轴上，使得其对于纵向分辨的敏感性不高。在 S-TTRO 的应用中，指向第二个弱散射 R-PIM 源目标的光斑亮度相较第一个 R-PIM 源目标较暗，这是由 S-TTRO 受噪声干扰的扰动强度更大导致的；在 E-TTRO 和 M-TTRO 中改善了第二个弱散射 R-PIM 源目标的光斑较暗问题，

两者的光斑亮度基本一致。

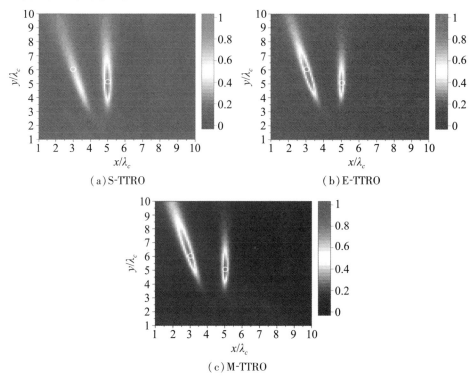

（a）S-TTRO　　　　　　　　　　　（b）E-TTRO

（c）M-TTRO

图 4-17　基于不同 TTRO 的 TTRO-MUSIC 成像在噪声环境下的多个 R-PIM 源定位图

（3）PM-MUSIC 成像图

对于 PM-MUSIC 成像的多个 R-PIM 源定位，在强噪声的干扰下，需要被定位的 R-PIM 源目标增多不仅使得伪谱展宽变宽，而且定位精度也由于噪声子空间维度的降低而降低。

图 4-18 为基于不同 TTRO 的 PM-MUSIC 成像在噪声环境下的多个 R-PIM 源定位图。在图 4-18（a）中，成像伪谱尖峰位置分别估计为（4.9λ_c，4.6λ_c）和（2.8λ_c，6.8λ_c）；在图 4-18（b）中，成像伪谱尖峰位置分别估计为（5λ_c，5λ_c）和（3.2λ_c，5λ_c）；在图 4-17（a）中，成像伪谱尖峰位置分别估计为（5λ_c，5λ_c）和（3.4λ_c，4.9λ_c）；在图 4-17（b）中，成像伪谱尖峰位置分别估计为（5λ_c，5λ_c）和（3.2λ_c，5.5λ_c）。根据这些估计的成像伪谱尖峰位置，应用 S-TTRO 和 E-TTRO 的 PM-MUSIC 成像定位误差分别为 0.62λ_c 和 0.51λ_c，相对应地，TTRO-MUSIC 成像定位误差分别为 0.59λ_c 和 0.27λ_c。

同时，在图 4-18 中可以看出，第二个 R-PIM 源目标附近也形成了较为暗淡的成像伪谱光斑。因此，相较于 PM-MUSIC，TTRO-MUSIC 成像的 R-PIM 源定位图像更清晰，定位误差更小。

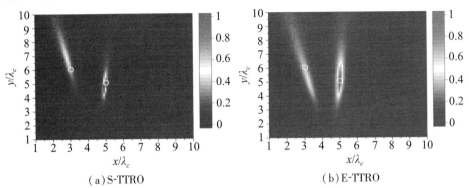

（a）S-TTRO   （b）E-TTRO

图 4-18　基于不同 TTRO 的 PM-MUSIC 成像在噪声环境下的多个 R-PIM 源定位图

4.5.4　成像分辨率分析

本小节进一步对上述 DORTT、TTRO-MUSIC、PM-MUSIC 及其传统子空间方法的成像分辨率性能展开了研究，通过沿着 x 轴的成像伪谱 dB 分布对上述成像方法的成像横向分辨率进行了对比和分析。图 4-19 比较了 DORTT 和 DORT 成像方法在噪声和杂波干扰环境下的横向成像分辨率。

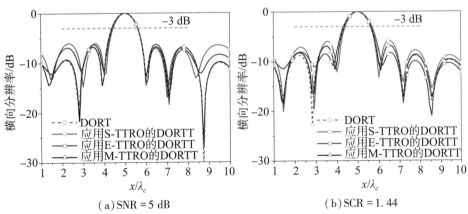

（a）SNR = 5 dB   （b）SCR = 1.44

图 4-19　在不同干扰环境下 DORT 和 DORTT 的横向分辨率比较

从图 4-19 中可以明显看出，DORTT 的横向分辨率曲线与 DORT 的横向分辨率曲线吻合良好。M-TTRO 充分考虑了时间反演算子的列信息，使得其横向分辨曲线与 DORT 的横向分辨率曲线最为吻合。接着比较了在不同干扰环境下 DORT 和 DORTT 的横向成像分辨率，如图 4-20 所示。随着 SNR 或 SCR 的增大，－3 dB 的横向分辨宽度几乎没有发生变化，这表明，与 DORT 类似，DORTT 在噪声和杂波的干扰中，具有稳定的成像鲁棒性。

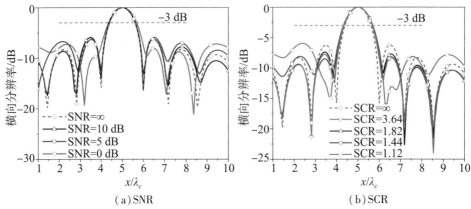

图 4-20　应用 E-TTRO 的 DORTT 在不同干扰环境下的横向分辨率变化

图 4-21 比较了 TTRO-MUSIC 和 TR-MUSIC 随噪声和杂波干扰变化的横向分辨率。不同于 DORTT 和 DORT 中的伪谱波束，TTRO-MUSIC 和 TR-MUSIC 在 $x = 5\lambda_c$ 附近处都有一个很尖锐且很窄的伪谱峰，这就是 TTRO-MUSIC 和 TR-MUSIC 可以实现超分辨率成像的原因。

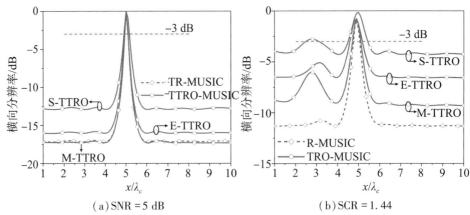

图 4-21　在不同干扰环境下 TTRO-MUSIC 和 TR-MUSIC 的横向分辨率比较

在图 4-21(a)中，应用 M-TTRO 的 TTRO-MUSIC 的横向分辨曲线与 TR-

MUSIC 的横向分辨曲线近似一致，具有窄的 −3 dB 分辨宽度，而应用 S-TTRO 的 TTRO-MUSIC 具有更宽的 −3 dB 分辨宽度。在非 R-PIM 源位置，应用 E-TTRO 和 M-TTRO 的 TTRO-MUSIC 成像伪谱值更小，这是因为在应用 E-TTRO 和 M-TTRO 的 TTRO-MUSIC 中，通过 TTRO 分解出的噪声子空间更为准确，进而使得在非 R-PIM 源目标位置，噪声子空间与搜索传输向量内积值更大，成像伪谱谱值更小，更接近于零。图 4-21(b) 中，在 $x = 5\lambda_c$ 处，成像分辨率曲线尚未达到零值，这意味着此时 TTRO-MUSIC 成像图中估计的 R-PIM 源目标的位置与真实位置存在偏差。同时，应用 S-TTRO 的 TTRO-MUSIC 成像图中出现了超过 −3 dB 峰值宽度线的虚假伪峰。

图 4-22 展示了不同 SNR 和 SCR 对于 TTRO-MUSIC 的横向分辨率变化。随着 SNR 和 SCR 的增大，TTRO-MUSIC 的 −3 dB 的横向分辨宽度逐渐缩减，成像分辨率更高。但是，当 SCR 持续降低时，将会产生成像伪谱伪峰，如图 4-22(b) 所示，该成像伪谱伪峰值明显接近于 −3 dB 伪谱峰值线。将图 4-21 和图 4-22 的成像分辨率进行讨论，结论是 TTRO-MUSIC 的成像分辨率随噪声扰动的增强而降低，但无明显的成像伪谱伪峰；随着杂波的增强易出现成像伪谱伪峰，在 S-TTRO 的应用中更为凸显，成像稳定性较低。

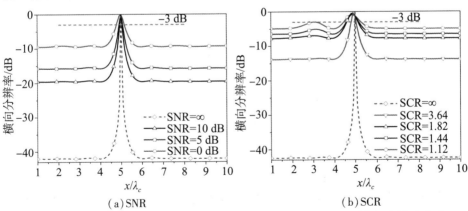

图 4-22　应用 E-TTRO 的 TTRO-MUSIC 在不同干扰环境下的横向分辨率变化

图 4-23 比较了 PM-MUSIC 和 TR-MUSIC 在不同扰动环境下的横向分辨率，图 4-24 则为应用 E-TTRO 的 TTRO-MUSIC 在不同干扰环境下的横向分辨率变化。PM-MUSIC 与 TTRO-MUSIC 的横向分辨率性能基本一致，−3 dB

的成像伪谱宽度随着 SNR 和 SCR 的增大而逐渐缩小，横向成像分辨有所提高；应用 E-TTRO 的 PM-MUSIC 比应用 S-TTRO 的 PM-MUSIC 在噪声环境下的横向分辨率更高。但是，在杂波环境中，应用 S-TTRO 的 PM-MUSIC 比应用 E-TTRO 的 PM-MUSIC 的 −3 dB 成像伪谱宽度更窄，这主要是因为应用 S-TTRO 的 PM-MUSIC 的定位误差较大，成像伪谱中心亮斑偏离 R-PIM 源目标所在真实坐标位置$(5\lambda_c, 5\lambda_c)$，使得成像伪谱分布得相对较暗，所以沿着 x 轴的成像伪谱分布观测伪谱宽度相对较窄，如图4-23(b)所示。

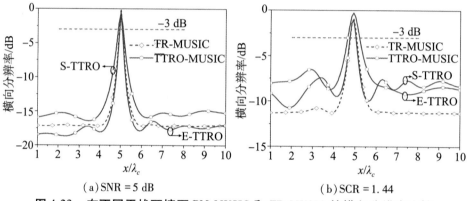

(a) SNR = 5 dB (b) SCR = 1.44

图 4-23 在不同干扰环境下 PM-MUSIC 和 TR-MUSIC 的横向分辨率比较

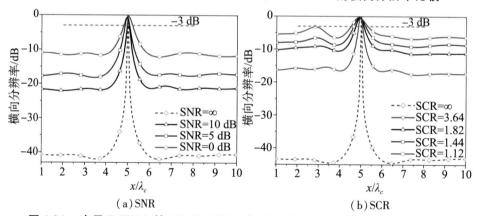

(a) SNR (b) SCR

图 4-24 应用 E-TTRO 的 TTRO-MUSIC 在不同干扰环境下的横向分辨率变化

综上，DORTT 在抗噪声干扰与抗杂波干扰方面具有相对稳健的成像鲁棒性，但成像分辨率低，无法实现 R-PIM 源目标超分辨率的成像定位；TTRO-MUSIC 和 PM-MUSIC 能够实现多个紧密分布的 R-PIM 源目标的超分辨区分，但在抗噪声干扰与抗杂波干扰方面成像稳定性较差。

4.5.5 计算复杂度分析

本小节通过统计子空间获取的浮点计算复杂度分析 TTRO-MUSIC、PM-MUSIC 和传统 TR-MUSIC 成像方法的计算复杂度，可知 DORTT 与 TTRO-MUSIC 均是通过 TTRO 分解子空间而来，可认为其计算复杂度是一致的。

在 TR-MUSIC 中，通过 SVD 分解时间反演算子提取噪声子空间为主要的计算复杂度。与式子(3-16)中的 C_{SVD} 一致，TR-MUSIC 的浮点计算复杂度 $C_{\mathrm{TR\text{-}MUSIC}}$ 可近似表示为

$$C_{\mathrm{TR\text{-}MUSIC}} = 3N^3 + (2a+2)N^3 \tag{4-46}$$

基于不同的 TTRO，定义 $C_{\mathrm{TTRO\text{-}MUSIC}}^{\mathrm{S}}$、$C_{\mathrm{TTRO\text{-}MUSIC}}^{\mathrm{E}}$ 和 $C_{\mathrm{TTRO\text{-}MUSIC}}^{\mathrm{M}}$ 分别描述基于 S-TTRO、E-TTRO 和 M-TTRO 的 TTRO-MUSIC 的浮点计算复杂度。定义 $C_{\mathrm{PM\text{-}SUSIC}}^{\mathrm{S}}$ 和 $C_{\mathrm{PM\text{-}MUSIC}}^{\mathrm{E}}$ 分别描述基于 S-TTRO 和 E-TTRO 的 PM-MUSIC 的浮点计算复杂度。为方便起见，首先对基于 S-TTRO 的 TTRO-MUSIC 和 PM-MUSIC 的浮点计算复杂度进行统计性分析。

在 TTRO-MUSIC 中，利用 QRD 分解 TTRO 的算法有多种，其中 Householder 算法浮点计算复杂度较低，且适用于稀疏矩阵等诸多特殊矩阵，应用较为广泛[143-145]。假设 TTRO 的维度为 $N \times M$，Householder 算法是通过构造反射算子，对 TTRO 进行 Householder 三角化。Householder 算法流程如下。

(1)输入：TTRO T_t；

for $k = 1:1:M$

$\quad y = T_t(k:M,\ k),\ e_1 = \underbrace{[1,\ 0,\ 0,\ \cdots,\ 0]}_{M-k+1}{}^{\mathrm{T}}$；

$\quad w = y + sign(y(1,\ 1)) \parallel y \parallel_2 e_1$ 和 $v_k = w / \parallel w \parallel_2$；

$\quad H_k = I - 2v_k v_k^{\mathrm{T}}$

$\quad R(k:N,\ k:M) = T_t(k:N,\ k:M)H_k$

end

（2）输出：$Q = H_1 H_2 \cdots H_M$，$R = R(1:N, \ 1:M)$。

上述算法的第 k 次循环，需要的浮点计算复杂度如下。

（1）乘积次数：$[2(N-k+1)-1](M-k+1)$；

（2）外积的计算复杂度：$[(N-k+1)](M-k+1)$；

（3）减法的计算复杂度：$[(N-k+1)](M-k+1)$。对于第 k 次循环所需的浮点计算复杂度近似为 $4[(N-k+1)](M-k+1)$，那么利用 Householder 算法的 TTRO-MUSIC 获取噪声子空间的总浮点计算复杂度可近似表示为[143]

$$C^{\mathrm{S}}_{\mathrm{TTRO\text{-}MUSIC}} \approx \sum_{k=1}^{M} 4[(N-k+1)](M-k+1) \approx 2NM^2 - 2M^3/3 \quad (4\text{-}47)$$

在 PM-MUSIC 中，如式(4-43)，是通过线性传播算子 $\boldsymbol{P}$ 来进一步估计噪声子空间是主要的计算复杂度。具体来说，$\boldsymbol{T}_t^{\mathrm{H}}\boldsymbol{T}_t$ 的矩阵运算大约需要 $(2N-1)M^2$ 次浮点计算度，求解 $\boldsymbol{T}_t^{\mathrm{H}}\boldsymbol{T}_t$ 矩阵的逆矩阵则包括 $3M^3/2 - M^2/2$ 次的乘法浮点计算和 $3M^3/2 - 2M^2 + M/2$ 次的加法浮点计算。另外，$(\boldsymbol{T}_t^{\mathrm{H}}\boldsymbol{T}_t)^{-1}\boldsymbol{T}_t^{\mathrm{H}}\Delta T$ 还分别需要 MN^2 次乘法浮点计算及 $MN^2 - 2NM + M^2$ 次加法浮点计算。因此，PM-MUSIC 的总浮点计算复杂度可近似为

$$C_{\mathrm{PM\text{-}MUSIC}} = 3M^3 + (2N-5/2)M^2 + (2N^2 - 2N + 1/2)M \quad (4\text{-}48)$$

此外，在 E-TTRO 和 M-TTRO 的应用中还需要额外的浮点计算。在 E-TTRO 中，TTRO-MUSIC 和 PM-MUSIC 还需要 N^2 次乘法浮点计算及 $N^2 - N$ 次加法浮点计算。另外，对于应用 M-TTRO 的 TTRO-MUSIC，$C^{\mathrm{M}}_{\mathrm{TTRO\text{-}MUSIC}}$ 总计需要 $(N-M+1) \times C^{\mathrm{S}}_{\mathrm{TTRO\text{-}MUSIC}}$ 及额外 $(N-M+1)N^2$ 次加法计算复杂度，$C^{\mathrm{E}}_{\mathrm{TTRO\text{-}EMUSIC}}$ 和 $C^{\mathrm{M}}_{\mathrm{TTRO\text{-}MUSIC}}$ 可分别近似表示为

$$C^{\mathrm{E}}_{\mathrm{TTRO\text{-}MUSIC}} = 2M^2(N-M/3) + 2N^2 - N \quad (4\text{-}49)$$

$$C^{\mathrm{M}}_{\mathrm{TTRO\text{-}MUSIC}} = [2M^2(N-M/3) + N^2] \times (N-M+1) \quad (4\text{-}50)$$

TTRO-MUSIC、PM-MUSIC 和传统 TR-MUSIC 的浮点计算复杂度对比见表 4-1 所列。

表 4-1　TTRO-MUSIC、PM-MUSIC 和传统 TR-MUSIC 的浮点计算复杂度对比

单频 TR-MUSIC 类方法		浮点计算复杂度
TTRO-MUSIC	S-TTRO	$2NM^2 - 2M^3/3$
	E-TTRO	$2M^2(N - M/3) + 2N^2 - N$
	M-TTRO	$\left[2M^2(N - M/3) + N^2\right] \times (N - M + 1)$
PM-MUSIC	S-TTRO	$3M^3 + (2N - 5/2)M^2 + (2N^2 - 2N + 1/2)M$
	E-TTRO	$3M^3 + (2N - 5/2)M^2 + (2N^2 - 2N + 1/2)M + 2N^2 - N$
TR-MUSIC		$3N^3 + (2c + 2)N^3$

根据表 4-1 中各成像方法的浮点计算复杂度，图 4-25 为基于 S-TTRO 的 TTRO-MUSIC 和 PM-MUSIC 与基于全时间反演算子的 TR-MUSIC 浮点计算复杂度之比。对于不同数量的 R-PIM 源目标，$C_{\text{TR-MUSIC}}/C_{\text{TTRO-MUSIC}}^{\text{S}}$ 和 $C_{\text{TR-MUSIC}}/C_{\text{PM-MUSIC}}^{\text{S}}$ 的浮点计算复杂度比值（取对数）均为正数。这表明，在表 4-1 的三种成像方法中，TR-MUSIC 的计算复杂度最大，这是因为 N 在 TTRO-MUSIC 和 PM-MUSIC 的计算复杂度中占据较低的数量级，而在 TR-MUSIC 中的计算复杂度中占最高的数量级。随着 N 的增加，$C_{\text{TR-MUSIC}}$ 快速增长，两者的比值呈增长趋势。此外，图 4-26 为基于 E-TTRO 的 TTRO-MUSIC 和 PM-MUSIC 与基于全时间反演算子的 TR-MUSIC 浮点计算复杂度之比。由于在 E-TTRO 应用中需要进行欧几里得范数计算，使得 $C_{\text{TTRO-MUSIC}}$ 和 $C_{\text{PM-MUSIC}}$ 的计算复杂性增加，导致图 4-26 中的比率相较于图 4-25 中的比率有所下降。从图 4-26 可以看出，对于相同数量的 M 个 R-PIM 源目标，$C_{\text{TR-MUSIC}}/C_{\text{TTRO-MUSIC}}^{\text{E}}$ 比 $C_{\text{TR-MUSIC}}/C_{\text{PM-MUSIC}}^{\text{E}}$ 的数量级更高，在 S-TTRO 的比较中也是如此。因此，TTRO-MUSIC 比 PM-MUSIC 计算复杂度更低，但两者的计算复杂度均远小于 TR-MUSIC。

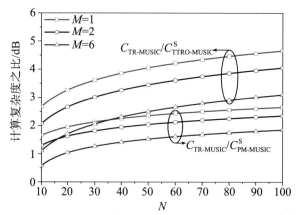

图 4-25 基于 S-TTRO 的 TTRO-MUSIC 和 PM-MUSIC 与基于
全时间反演算子的 TR-MUSIC 浮点计算复杂度之比

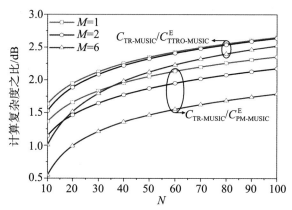

图 4-26 基于 E-TTRO 的 TTRO-MUSIC 和 PM-MUSIC 与基于
全时间反演算子的 TR-MUSIC 浮点计算复杂度之比

图 4-27 为 $C_{\text{TR-MUSIC}}/C_{\text{TTRO-MUSIC}}^{\text{M}}$ 的浮点计算复杂度之比。当所需定位的目标数 M 较小时，$C_{\text{TTRO-MUSIC}}^{\text{M}}$ 主要随着 TRM 阵列单元数 N 的增大而增大。此时，$C_{\text{TTRO-MUSIC}}^{\text{M}}$ 中 N 的阶数与 $C_{\text{TR-MUSIC}}$ 中 N 的阶数相等。当 TRM 阵列单元数 N 较小时，M 的阶数更重要，R-PIM 源目标数量的增多将会快速增大 $C_{\text{TTRO-MUSIC}}$，导致比值降低。图 4-27 中的计算复杂度之比均略微大于零，这表明，尽管应用了需要多次 QRD 分解的 M-TTRO，TTRO-MUSIC 的计算复杂度仍然要略低于 TR-MUSIC。不过，在 S-TTRO 和 E-TTRO 中，仅需一次 QRD 分解便可获取子空间，计算复杂度更低。

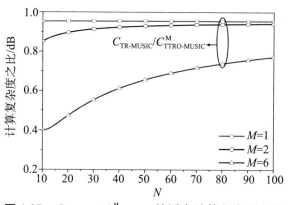

图 4-27 $C_{\text{TR-MUSIC}}/C_{\text{TTRO-MUSIC}}^{\text{M}}$ 的浮点计算复杂度之比

在计算复杂度对比分析的基础上，图 4-28 还比较了 TTRO-MUSIC、PM-MUSIC 和 TR-MUSIC 获取噪声子空间的运行时间。这几类方法均运行在同一硬件环境下，总体而言，在三种获取噪声子空间的方法中，TR-MUSIC 的运行时间最长。

然而，随着 TRM 阵列单元数 N 的增大，应用 M-TTRO 的 TTRO-MUSIC 运行时间超过了 TR-MUSIC 的运行时间，这主要是因为在 M-TTRO 中，由于需要对每一个 TTRO 进行 QRD 分解，然后对分解结果进行一组 Q 空间求和及求平均，需要对每一个 Q 空间进行存储。随着 TRM 阵列单元数 N 的增大，该存储时间会随着空间数量的增多及空间维度的增大，占据大部分整体运行时间，导致 TTRO-MUSIC 的运行时间远超 TR-MUSIC 的运行时间。存储空间的运行时间主要与硬件环境有关，与计算复杂度之比无关。这也解释了在 TRM 阵列单元数 N 较小时，如图 4-28 所示，TTRO-MUSIC 的计算复杂度略小于 TR-MUSIC，此时 TTRO-MUSIC 的运行时间略小于 TR-MUSIC。

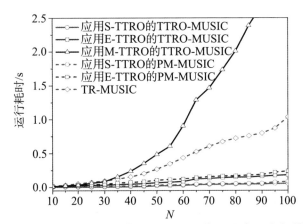

图 4-28　TTRO-MUSIC、PM-MUSIC 与 TR-MUSIC 获取噪声子空间的运行时间比较

与同样无须 SVD 分解的 PM-MUSIC 中的噪声子空间估计相比，TTRO-MUSIC 所需的时间更少。当 $N=100$ 时，TR-MUSIC 近似需要耗时 1033 ms，基于 S-TTRO 和 E-TTRO 的 PM-MUSIC 运行时间分别降低至 81 ms 和 237.2 ms，而基于 STTRO 和 M-TTRO 的 TTRO-MUSIC 运行时间分别降低至 51.5 ms 和 180 ms。在大型阵列应用中，TTRO-MUSIC 和 PM-MUSIC 节省的运行时间最多约分别达到 TR-MUSIC 运行耗时的 95% 和 92.2%。因此，在应用大阵列的情况下，基于 S-TTRO 和 E-TTRO 的分解和估计子空间成像均可有效降低计算复杂度并节省运行时间。表 4-2 给出了三种方法中获得噪声子空间的运行时间对比。

表 4-2　TTRO-MUSIC、PM-MUSIC 和传统 TR-MUSIC 获取噪声子空间的运行时间对比

单位：ms

N	TTRO-MUSIC			PM-MUSIC		TR-MUSIC
	S-TTRO	E-TTRO	M-TTRO	S-TTRO	E-TTRO	
20	2.2	21.7	31.5	6.5	30.8	51.6
40	6.9	44.3	237.5	18.3	70.6	153.1
60	25.2	82.8	903.5	34.9	121.8	433.7
80	42.8	148.7	2009	50.8	167.9	721
100	51.5	180	3848	81	237.2	1033.1

4.5.6 定位精度分析

在 TTRO-MUSIC 方法中，噪声子空间与 R-PIM 源目标传输向量共轭的正交性强弱是在成像图中实现 R-PIM 源目标高精度位置估计的有效表征。因噪声子空间与信号子空间完全正交，那么在理论上，信号子空间中特征向量的相对相位差与 R-PIM 源目标位置及 TRM 阵列的传输矩阵中向量的相对相位差应保持一致，这也是 DORTT 能够朝着 R-PIM 源目标形成强成像伪谱波束的原因。因此，通过比较 DORTT 中信号子空间特征向量和 R-PIM 源目标的传输矩阵中向量的相对相位差，既能评估 DORTT 方法的成像定位精度，又能同时定性地反映出 TTRO-MUSIC 方法的成像定位误差。

利用第三章中式(3-25)的定位 RMSE 公式定量地对 TTRO-MUSIC、PM-MUSIC 和传统 TR-MUSIC 的定位精度进行具体的对比分析。以定位独立分布于$(5\lambda_c, 5\lambda_c)$的单个 R-PIM 源目标成像为例，图 4-29 比较了 DORTT 和 DORT 中信号子空间与 R-PIM 源目标位置至 TRM 阵列传输向量的相邻元素相位差。在图 4-29(a)中，总体而言，DORTT 和 DORT，与传输向量的相位差曲线均保持较好地吻合，这表明 DORTT 和 DORT 能较好地朝着 R-PIM 目标形成强的成像伪谱波束，同时也反映了 TTRO-MUSIC 和 TR-MUSIC 方法中噪声子空间与传输向量共轭良好的正交性，成像定位精度良好。

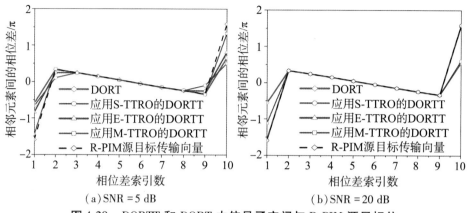

（a）SNR = 5 dB　　　　　（b）SNR = 20 dB

图4-29　DORTT 和 DORT 中信号子空间与 R-PIM 源目标位
置至 TRM 阵列传输向量的相邻元素相位差的对比

图4-29 中若干相位差曲线也存在细微的差别。例如，当相位差索引数为 1 和 10 时，DORT 与应用 S-TTRO 和 E-TTRO 的 DORTT 中信号子空间特征向量与传输向量的首位相位差和末位相位差不一致；当相位差索引数为 2 和 9 时，应用 S-TTRO 和 E-TTRO 的 DORTT 中信号子空间特征向量与传输向量的相位差也存在轻微的偏离，其中 S-TTRO 使得相位差偏离更多。不同于应用 S-TTRO 和 E-TTRO 的 DORTT 和 DORT，M-TTRO 将多个信号子空间求平均，不仅能充分利用冗余信息，而且能抑制噪声等干扰，因此，应用 M-TTRO 的 DORTT 的信号子空间和传输向量两者的相位差曲线更加吻合。当 SNR 增大至 20 dB 时，DORTT 和 DORT 信号子空间的所有相位差曲线与传输向量的相位差曲线进一步吻合，M-DORTT 分解出信号子空间与传输向量的相位差完全保持一致，如图4-29（b）所示，对应地，其成像定位误差近乎为零。

在上述相对相位差分布对成像定位精度初步定性评估的基础上，图4-30 比较了 TTRO-MUSIC、PM-MUSIC 及 TR-MUSIC 的定位 RMSE。与 TR-MUSIC 的定位 RMSE 相比，S-TTRO 和 E-TTRO 的矩阵维度减少，丢失了部分阵列信息使得 TTRO-MUSIC 和 PM-MUSIC 的定位 RMSE 增大。在应用 E-TTRO 的 TTRO-MUSIC 和 PM-MUSIC 中，相较于 S-TTRO，定位 RMSE 得到了一定降低，这是因为 E-TTRO 为阵列信息中最主要的信息成分，噪声项对其干扰较小。应用 M-TTRO 的 TTRO-MUSIC 与 TR-MUSIC 的定位 RMSE 曲线吻合良好，这是因为在 TTRO-MUSIC 中，完整阵列信息与噪声子空间求平均降低了噪声的影响，提高了成像定位精度，如图 4-31 所示。随着 SNR 的不断增大，应用 S-TTRO 和 E-TTRO 的 TTRO-MUSIC 的定位 RMSE 曲线，同样也与 TR-MUSIC 的定位 RMSE 曲线吻合良好。

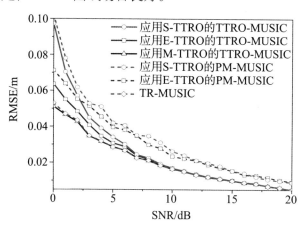

图 4-30　TTRO-MUSIC、PM-MUSIC 及 TR-MUSIC 的定位 RMSE 比较

当 SNR 提高至 20 dB 时，PM-MUSIC 的定位 RMSE 始终高于 TTRO-MUSIC 和 TR-MUSIC，这是因为所考虑的噪声项使 $\parallel \boldsymbol{T}_t P - \Delta \boldsymbol{T} \parallel_2^2$ 的最小值始终大于零，从而导致 PM-MUSIC 估计的噪声子空间始终为一个近似空间，形成了成像定位误差，如图 4-30 所示。特别在 SNR $= 0$ 时，应用 S-TTRO 的 TTRO-MUSIC 和 PM-MUSIC 的定位 RMSE 分别为 0.097 m 和 0.1 m，而应用 E-TTRO 的 TTRO-MUSIC 和 PM-MUSIC 的定位 RMSE 则分别下降至 0.064 m 和 0.071 m。TTRO-MUSIC 的定位精度优于 PM-MUSIC。与 TR-MUSIC 的定位 RMSE 0.053 m 相比，基于 M-TTRO 的 TTRO-MUSIC 的定位 RMSE 为 0.051 m，略小于 TR-MUSIC 的定位 RMSE，差值小于搜索网格点尺寸。具体随 SNR 变化的成像定位 RMSE 见表 4-3 所列。

与应用 S-TTRO 和 E-TTRO 的 TTRO-MUSIC 相比，尽管应用 M-TTRO 的 TTRO-MUSIC 的定位 RMSE 最低，成像定位精度最高，但是在 M-TTRO 分解中，要求对一组 TTRO 进行多次 QRD 分解，导致计算复杂度在三类 TTRO

中最高。从表 4-2 和表 4-3 中可以看出，在三类 TTRO 中，E-TTRO 是平衡低计算复杂度和高成像定位精度的最优选择。

表 4-3　TTRO-MUSIC、PM-MUSIC 和传统 TR-MUSIC 随 SNR 变化的成像定位 RMSE

单位：m

SNR	TTRO-MUSIC			PM-MUSIC		TR-MUSIC
	S-TTRO	E-TTRO	M-TTRO	S-TTRO	E-TTRO	
0	0.097	0.064	0.051	0.102	0.071	0.053
5	0.034	0.031	0.029	0.042	0.04	0.029
10	0.017	0.017	0.017	0.026	0.024	0.017
15	0.01	0.01	0.01	0.016	0.016	0.01
20	0.005	0.005	0.005	0.009	0.009	0.005

4.6　本章小结

　　本章提出了一种基于 TTRO 的低复杂度成像方法。首先，阐述了 TTRO 的具体物理意义，即由时间反演算子的部分列构成的分块矩阵，并分别给出了 S-TTRO、E-TTRO 和 M-TTRO 的选取策略；然后，通过矩阵运算证明了由 TTRO 的 QRD 而来的 $\boldsymbol{Q}$ 矩阵同样可划分为信号子空间和噪声子空间，并分别应用于本章所提出的 DORTT 和 TTRO-MUSIC 成像法，依据线性传播算子对 TTRO 估计的噪声子空间可用于本章所提出的 PM-MUSIC 成像法；最后，从成像伪谱分布图、成像分辨率、计算复杂度、子空间运行耗时及定位精度等方面对比了 DORTT、TTRO-MUSIC 和 PM-MUSIC 的成像性能。

　　与使用 SVD 分解全时间反演算子获取的传统子空间相比，矩阵维度缩减的 TTRO 显著地降低了若干数量级的浮点计算复杂度，其中，TTRO-MUSIC 和 PM-MUSIC 最高可分别节省约 95.1% 和 92.2% 的 TR-MUSIC 运行耗时，TTRO-MUSIC 和 PM-MUSIC 均具有较低的计算复杂度和较快的运行耗时。然而，由于 TTRO 丢失了部分阵列信息，在低 SNR 和低 SCR 条件下，可能会产生较大定位误差。含有阵列信息主要成分的 E-TTRO 及保证了完整阵列信息的 M-TTRO，都减少了扰动项。在 SNR = 0 时，基于 E-TTRO 和 M-TTRO 的 TTRO-MUSIC 的定位 RMSE 分别为 0.064 m 和 0.051 m，而基于 S-TTRO 的 TTRO-MUSIC 的定位 RMSE 高至 0.097 m，成像定位精度较低。基于 M-TTRO 的 TTRO-MUSIC 的定位精度与 TR-MUSIC 的定位精度始终具有良好的一致性，但 M-TTRO 需对多个 TTRO 进行多次分解，相对耗时大，而 E-TTRO 只需进行欧几里得范数计算，相对耗时小。可见，在上述 TTRO 中，E-TTRO 是平衡低计算复杂度和高成像定位精度最优的、最有效的选取策略。

基于 TTRO 分解和估计的噪声子空间低复杂度成像法，可有效地替代传统子空间法的 SVD，即 TTRO-MUSIC 和 PM-MUSIC 方法，不仅为实现 R-PIM 源目标快速和超分辨成像定位提供了解决方案，而且能从单频子空间低复杂度成像拓展至第三章中多频成像伪谱级联 MCTR-MUSIC 的子空间低复杂度成像的 R-PIM 源目标定位应用中。

第五章

基于最优截断空频算子的单静态数据成像定位

在第三章和第四章提出的新型成像定位方法均是由构建基于多静态数据的时间反演算子分解子空间成像发展而来，多静态数据是分离多个 R-PIM 源位置信息的关键。在实际的 R-PIM 源成像定位中，多静态数据可能难以构建，使得上述成像方法仅依靠单静态数据无法准确分离出多个 R-PIM 源目标位置信息而定位失效。例如，在图 3-1 中，当主动式 R-PIM 源的辐射特性与多路激发信号无关时，意味着 R-PIM 源辐射信息由自身物理特性所决定，即使多次激发 R-PIM，常辐射线性相关的信号，也仅为单静态数据，无法构建出多静态数据；在图 4-1 中，多个被动式 R-PIM 源的成像定位需要求 TRM 阵列多次发射与接收，而在大阵列应用中多静态数据的构建极为烦琐，造成硬件计算复杂度的大幅度提高。在第四章的理论研究基础上，本章提出并研究了基于 OTSF-MUSIC 单静态数据成像的 R-PIM 源定位，以解决在传统成像方法中利用单静态数据无法分离多个 R-PIM 源的独立的空间矢量信息的问题。

5.1 单静态数据的 R-PIM 源信号模型

根据图 3-1 所述的主动辐射式 R-PIM 源和图 4-1 所述的被动辐射式 R-PIM 源的多静态数据信号模型图，可得图 5-1 所示的单静态数据的 R-PIM 源信号模型。

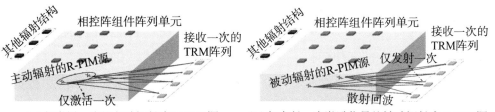

(a)仅激活一次的主动辐射式 R-PIM 源　　(b)仅发射一次激励信号的被动辐射式 R-PIM 源

图 5-1　单静态数据的 R-PIM 源信号模型

在图 5-1(a)中，主动辐射式 R-PIM 源激活一次并在空间辐射信息，利用 TRM 阵列接收、记录并保存其辐射信号；在图 5-1(b)中，利用 TRM 阵列接收、记录并保存仅一次激励的被动辐射式 R-PIM 源的散射回波。主动和被动辐射式 R-PIM 源的定位在后续的成像方法研究中均是对单静态数据的算法处理，尽管模型不尽相同，但原理基本一致。因此，以被动辐射式 R-PIM 源的成像为例，结合图 5-1(b)，构建基于单静态数据的被动辐射式 R-PIM 源信号模型，如图 5-2 所示。

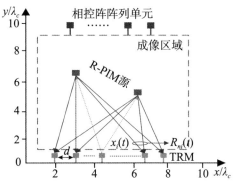

图 5-2　基于单静态数据的被动辐射式 R-PIM 源信号模型图

结合图 5-2 的信号模型及式(4-2)，可得每一列均为 TRM 阵列接收 M 个 R-PIM 源目标二次辐射的单静态混合信号，有

$$R_i(t) = [R_{1i}(t), R_{2i}(t), \cdots, R_{Ni}(t)]^\mathrm{T} \tag{5-1}$$

式中，$R_{ni}(t)$ 表示当第 i 个 TRM 阵列单元发射激励信号 $x(t)$ 时，第 n 个阵列单元的时域接收信号，其频域形式为

$$\boldsymbol{R}_{\mathrm{SF},i} = \begin{bmatrix} R_{1i}(\omega_1) & R_{1i}(\omega_2) & \cdots & R_{1i}(\omega_Q) \\ R_{2i}(\omega_1) & R_{2i}(\omega_2) & \cdots & R_{2i}(\omega_Q) \\ \vdots & \vdots & & \vdots \\ R_{Ni}(\omega_1) & R_{Ni}(\omega_2) & \cdots & R_{Ni}(\omega_Q) \end{bmatrix} \tag{5-2}$$

式中，Q 为均匀采样的频点数，式(5-2)矩阵中的每一列代表所接收信号在某一采样频点处的阵列响应。

将每一列除以 $x(t)$ 对应频点处的频域表达，便可得到基于单静态数据的空频响应矩阵，即 SF-MDM，有

$$\boldsymbol{K}_{\mathrm{SF},i} = \begin{bmatrix} K_{1i}(\omega_1) & K_{1i}(\omega_2) & \cdots & K_{1i}(\omega_Q) \\ K_{2i}(\omega_1) & K_{2i}(\omega_2) & \cdots & K_{2i}(\omega_Q) \\ \vdots & \vdots & & \vdots \\ K_{Ni}(\omega_1) & K_{Ni}(\omega_2) & \cdots & K_{Ni}(\omega_Q) \end{bmatrix} \tag{5-3}$$

式(5-3)与式(2-25)中的 SF-MDM 描述基本一致，式(5-3)由 TRM 阵列中第 i 个单元激励而来，为了与式(2-25)区分和保持与第四章传输矩阵的描述一致，以 $\boldsymbol{K}_{\mathrm{SF},i}$ 表示 SF-MDM。传统的 SF-MUSIC 将 SF-MDM 进行 SVD 分解提取出由若干个左奇异向量张成的噪声子空间，进而用于式(2-32)中 SF-MUSIC 的成像函数[133]。然而，正如第四章的描述，SVD 分解在大阵列应用中面临着快速非线性增长的计算复杂度。虽然参考文献[134]提出了 SF-PM 低复杂度成像方法，结合线性传播算子对 SF-MDM 的噪声子空间进行估计，但是在第四章中已讨论了线性传播算子对时间反演算子噪声子空间的估计降低了成像精度。因此，SF-MDM 的噪声子空间估计导致的低成像定位精度也值得进一步研究。

5.2 基于最优截断空频算子的估计子空间成像

5.2.1 最优截断空频算子

在第四章的基础上，为平衡低计算复杂度和高成像定位精度。本小节推导了截断 SF-MDM 在单静态数据中的应用，提出并研究了基于 OTSF 的 OTSF-MUSIC 成像方法。不同于在时间反演算子中分离出若干列向量组成 TTRO，在 SF-MDM 矩阵中，截断 SF-MDM 为其行向量组成，那么 OTSF 是通过计算 SF-MDM 中的每一行向量的欧几里得范数，选取前 M 列较大的欧几里得范数行向量重组而成。

将单静态数据的 SF-MDM 的行向量记为 $k_n(1 \leqslant n \leqslant N)$，即

$$K_{\mathrm{SF},i} = \begin{bmatrix} k_1 \\ k_2 \\ \vdots \\ k_n \\ \vdots \\ k_N \end{bmatrix} \tag{5-4}$$

那么根据其欧几里得范数大小的评估，OTSF 可写为 $K_{\mathrm{OTSF},i}^{\mathrm{E}}$，即

$$K_{\mathrm{OTSF},i}^{\mathrm{E}} = \begin{bmatrix} k_1^{\mathrm{E}} \\ k_2^{\mathrm{E}} \\ \vdots \\ k_m^{\mathrm{E}} \\ \vdots \\ k_M^{\mathrm{E}} \end{bmatrix} \tag{5-5}$$

此时剩下的行向量按照 TRM 阵列单元索引数依次排列，组成 $\Delta K_{\mathrm{SF},i}$，那么整个重构的 SF-MDM 矩阵 $K_{\mathrm{SF},i}^{\mathrm{E}}$ 可进一步写为

$$\boldsymbol{K}_{\mathrm{SF},i}^{\mathrm{E}} = \begin{bmatrix} \boldsymbol{K}_{\mathrm{OTSF},i}^{\mathrm{E}} \\ \Delta \boldsymbol{K}_{\mathrm{SF},i} \end{bmatrix} \tag{5-6}$$

5.2.2 最优截断空频算子的估计噪声子空间理论推导

理论上，传统 SF-PM 也是基于截断 SF-MDM 的噪声子空间估计成像方法。结合 SF-PM[134]，本节重点阐述了 OTSF 的噪声子空间估计的理论推导。

首先对重构的 SF-MDM 矩阵 $\boldsymbol{K}_{\mathrm{SF},i}^{\mathrm{E}}$ 进行 SVD 分解，可写为

$$\boldsymbol{K}_{\mathrm{SF},i}^{\mathrm{E}} = \boldsymbol{U}\boldsymbol{\Lambda}\boldsymbol{V}^{\mathrm{H}} \tag{5-7}$$

式中，U 为左奇异向量构成的矩阵，可分为两个分块矩阵，有

$$\boldsymbol{U} = \begin{bmatrix} \boldsymbol{U}_s & \boldsymbol{U}_n \end{bmatrix} \tag{5-8}$$

式中，$\boldsymbol{U}_s$ 和 $\boldsymbol{U}_n$ 分别为 SF-MDM 矩阵分解的信号子空间和噪声子空间，其矩阵维度分别为 $N \times M$ 和 $N \times (N-M)$。考虑将 $(\boldsymbol{K}_{\mathrm{SF},i}^{\mathrm{E}})^{\mathrm{H}}$ 左乘 $\boldsymbol{U}_n$，可得

$$(\boldsymbol{K}_{\mathrm{SF},i}^{\mathrm{E}})^{\mathrm{H}}\boldsymbol{U}_n = (\boldsymbol{U}\boldsymbol{\Lambda}\boldsymbol{V}^{\mathrm{H}})^{\mathrm{H}}\boldsymbol{U}_n = \boldsymbol{V}\boldsymbol{\Lambda}^{\mathrm{H}}\boldsymbol{U}^{\mathrm{H}}\boldsymbol{U}_n \tag{5-9}$$

对于 $\boldsymbol{U}^{\mathrm{H}}\boldsymbol{U}_n$，进一步展开，有

$$\boldsymbol{U}^{\mathrm{H}}\boldsymbol{U}_n = \begin{bmatrix} \boldsymbol{U}_s^{\mathrm{H}}\boldsymbol{U}_n \\ \boldsymbol{U}_n^{\mathrm{H}}\boldsymbol{U}_n \end{bmatrix} \tag{5-10}$$

U 矩阵为正交酉矩阵，有

$$\begin{cases} \boldsymbol{U}_s^{\mathrm{H}}\boldsymbol{U}_n = 0 \\ \boldsymbol{U}_n^{\mathrm{H}}\boldsymbol{U}_n = \boldsymbol{I} \end{cases} \tag{5-11}$$

同时，在无干扰情况下，存在与 R-PIM 源数目相当的显著奇异值个数，剩下的奇异值大小为零，在奇异值的对角矩阵 $\boldsymbol{\Lambda}$ 中，有

$$\begin{cases} \boldsymbol{\Lambda} = \begin{bmatrix} \boldsymbol{\Lambda}_0 & 0 \\ 0 & 0 \end{bmatrix} \\ \boldsymbol{\Lambda}_0 = \begin{bmatrix} \lambda_1 & \cdots & 0 \\ \vdots & & \vdots \\ 0 & \cdots & \lambda_M \end{bmatrix} \end{cases} \tag{5-12}$$

所以，$\boldsymbol{\Lambda} = \boldsymbol{\Lambda}^{\mathrm{H}}$。将式(5-11)和式(5-12)代入式(5-9)中可得

$$\left(K_{\mathrm{SF},i}^{\mathrm{E}}\right)^{\mathrm{H}} U_n = V \begin{bmatrix} \Lambda_0 & 0 \\ 0 & 0 \end{bmatrix}^{\mathrm{H}} \begin{bmatrix} 0 \\ I \end{bmatrix} = 0 \tag{5-13}$$

式(5-13)表明，$\left(K_{\mathrm{SF},i}^{\mathrm{E}}\right)^{\mathrm{H}}$ 与噪声子空间具有正交性。根据这一特性，与 4.4.2 小节中所述噪声子空间估计原理类似，结合 PM 方法，利用 OTSF 对 $K_{\mathrm{SF},i}^{\mathrm{E}}$ 进行噪声子空间估计。

定义空频响应矩阵的线性传播算子 P_{SF} 满足下式

$$P_{\mathrm{SF}}^{\mathrm{H}} K_{\mathrm{OTSF},i}^{\mathrm{E}} = \Delta K_{\mathrm{SF},i} \tag{5-14}$$

将式(5-14)进行变换，有

$$\begin{bmatrix} P_{\mathrm{SF}}^{\mathrm{H}} & -I \end{bmatrix} \begin{bmatrix} K_{\mathrm{OTSF},i}^{\mathrm{E}} \\ \Delta K_{\mathrm{SF},i} \end{bmatrix} = Q_{\mathrm{SF}}^{\mathrm{H}} K_{\mathrm{SF},i}^{\mathrm{E}} = 0 \tag{5-15}$$

式(5-15)证明了 $K_{\mathrm{SF},i}^{\mathrm{E}}$ 与 $Q_{\mathrm{SF}} = \begin{bmatrix} P_{\mathrm{SF}}^{\mathrm{H}} & -I \end{bmatrix}^{\mathrm{H}}$ 具有正交性，因此，$Q_{\mathrm{SF}} = \begin{bmatrix} P_{\mathrm{SF}}^{\mathrm{H}} & -I \end{bmatrix}^{\mathrm{H}}$ 可等效为 $K_{\mathrm{SF},i}^{\mathrm{E}}$ 的估计噪声子空间。

利用最小二乘法建立下式的代价函数，有

$$\min \| P_{\mathrm{SF}}^{\mathrm{H}} K_{\mathrm{OTSF},i}^{\mathrm{E}} - \Delta K_{\mathrm{SF},i} \|_2^2 \tag{5-16}$$

通过对上式进行矩阵求导，线性传播算子 P_{SF} 可由下式估计而得

$$P_{\mathrm{SF}} = \begin{bmatrix} K_{\mathrm{OTSF},i}^{\mathrm{E}} (K_{\mathrm{OTSF},i}^{\mathrm{E}})^{\mathrm{H}} \end{bmatrix}^{-1} K_{\mathrm{OTSF},i}^{\mathrm{E}} \Delta K_{\mathrm{SF},i}^{\mathrm{H}} \tag{5-17}$$

那么，估计的噪声子空间为 $Q_{\mathrm{SF}} = \begin{bmatrix} P_{\mathrm{SF}}^{\mathrm{H}} & -I \end{bmatrix}^{\mathrm{H}}$。

5.2.3 最优截断空频算子的估计噪声子空间成像原理

根据 OTSF 所估计得的噪声子空间，OTSF-MUSIC 的成像函数可写为

$$I_{\mathrm{OTSF\text{-}MUSIC}}(r) = \left(\sum_{q=1}^{Q} \sum_{l=1}^{N-M} | \langle g_m(r, \omega_q), q_{l,\mathrm{SF}}^* \rangle |^2 \right)^{-1} \tag{5-18}$$

式中，$q_{l,\mathrm{SF}}$ 是噪声子空间 Q_{SF} 的列向量，与式(4-45)中重构的匹配传输矩阵 $g_m(r)$ 类似，$g_m(r, \omega_q)$ 为每一频点处的重构匹配传输矩阵。

5.3 成像仿真结果分析

5.3.1 成像流程与基本设置

通过数值仿真对比 OTSF-MUSIC、传统 SF-MUSIC 和 PM-MUSIC 的成像性能，在本小节中，所有的数值仿真实验均在 1.6～1.8 GHz 的频段，其他仿真设置及 R-PIM 源目标的实际坐标位置均与 4.5.1 小节所述基本一致。

结合图 5-2 的 R-PIM 源信号模型图，基于 SF-MDM 子空间成像方法对 R-PIM 源目标进行成像定位，其算法结构示意图如图 5-3 所示，其中，$\boldsymbol{K}_{\mathrm{OTSF},i}^{\mathrm{E}}$ 中随机取 $i=8$。理论上，传统 SF-PM 也是基于截断 SF-MDM 的噪声子空间估计成像方法。因此在图 5-3 中，仅对比了 OTSF-MUSIC 和传统 SF-MUSIC 的算法结构。结合成像原理中的式子，下面给出了 OTSF-MUSIC 的算法流程。

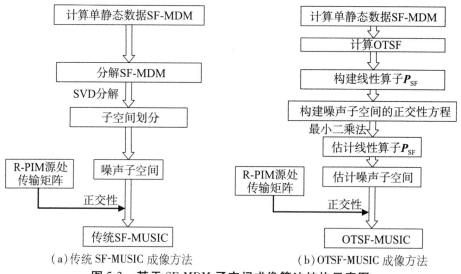

（a）传统 SF-MUSIC 成像方法　　　（b）OTSF-MUSIC 成像方法

图 5-3　基于 SF-MDM 子空间成像算法结构示意图

（1）初始化：①TRM 阵列单元位置 $r_n(1 \leqslant n \leqslant N)$；②R-PIM 源目标位置 $r_m(1 \leqslant m \leqslant M)$；③设置成像区域尺寸 $9\lambda_c \times 9\lambda_c$，离散成像区域为 100×100 网格。

（2）计算成像区域中每一频点出的各离散搜索网格点的传输向量 $g(r) = [G(r, r_1, \omega_q), G(r, r_2, \omega_q), \cdots, G(r, r_N, \omega_q)]^T$，并将其归一化处理 $g(r, \omega_q) = g(r, \omega_q) / \|g(r, \omega_q)\|$，构建成像区域的传输矩阵 $g(r, \omega_q)$。

（3）由式（5-3）计算 SF-MDM 矩阵 $K_{SF,i}^E$。

（4）由式（5-5）构造 $K_{OTSF,i}^E$，利用 PM 估计噪声子空间，并重构匹配传输矩阵 $g_m(r, \omega_q)$。

（5）OTSF-MUSIC 成像函数：$I_{OTSF\text{-}MUSIC}(r) = \left(\sum_{q=1}^{Q} \sum_{l=1}^{N-M} |\langle g_m(r, \omega_q), q_{l,SF}^* \rangle|^2\right)^{-1}$。

（6）输出：寻找成像伪谱的尖峰值，输出 R-PIM 源估计位置。

5.3.2　单个 R-PIM 源成像定位

展开基于 SF-MDM 子空间成像方法在单个 R-PIM 源目标的成像定位中性能方面的对比和分析。图 5-4、图 5-5 和图 5-6 分别为基于 OTSF-MUSIC、传统 SF-PM 和 SF-MUSIC 成像在噪声和杂波环境下的单个 R-PIM 源目标定位图。在噪声扰动环境中，OTSF-MUSIC 和传统 SF-PM 本质上均是从截断 SF-MDM 的数据中估计出噪声子空间。与 PM-MUSIC 类似，截断数据仅包含了部分阵列信息，使得噪声子空间的估计误差较大，削弱了与目标传输向量共轭的正交性，从而降低了 R-PIM 源目标的成像定位精度。在 OTSF-MUSIC 中的噪声子空间估计中，OTSF 是 SF-MDM 中主要成分构成的信息分量，噪声分量相对较小，噪声子空间估计相对准确。因此，图 5-4（a）中成像伪谱的最大谱值所在坐标位置比图 5-5（a）中的最大谱值坐标位置更接近 R-PIM 源坐标位置，成像定位误差越小。而且在非 R-PIM 源目标位置，SF-PM 的成像伪谱值比 OTSF-MUSIC 的成像伪谱值更大，如图 5-5（a）所示。在传统 SF-MUSIC 的成像图中，成像伪谱的最大谱值正好处在 R-PIM 源目标坐标位置，成像定位精度较高，且在 y 轴上的成像伪谱展宽更小，如图 5-6 (a) 所示。但是在 SF-MUSIC 成像图中，SVD 分解将带来较高的计算复杂度。

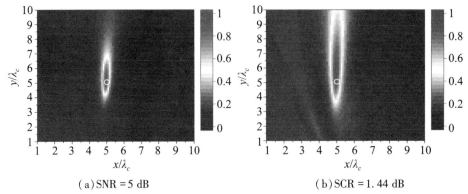

（a）SNR = 5 dB　　　　　　　　　　（b）SCR = 1.44 dB

图 5-4　基于 OTSF-MUSIC 成像在噪声和杂波环境下的单个 R-PIM 源目标定位图

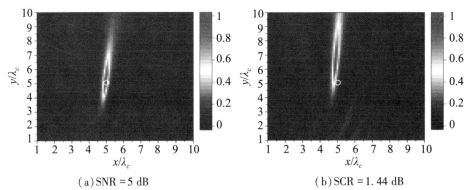

（a）SNR = 5 dB　　　　　　　　　　（b）SCR = 1.44 dB

图 5-5　基于传统 SF-PM 成像在噪声和杂波环境下的单个 R-PIM 源目标定位图

在杂波扰动环境中，无论是 OTSF-MUSIC 还是传统的 SF-PM 和 SF-MUSIC，成像图中均出现了定位性能弱化。具体表现在最大成像伪谱值所在坐标位置与 RPIM 源目标坐标位置偏差更大，在非 R-PIM 源目标位置也出现了更高的成像伪谱值，成像伪谱在 y 轴上的延展也更宽。其中，OTSF-MUSIC 与传统 SF-MUSIC 的成像性能相近，而传统 SF-PM 成像性能在杂波环境中进一步弱化。

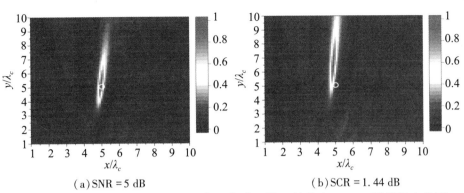

（a）SNR = 5 dB   （b）SCR = 1.44 dB

图 5-6　基于 SF-MUSIC 成像在噪声和杂波环境下的单个 R-PIM 源目标定位图

5.3.3　多个 R-PIM 源成像定位

展开基于 SF-MDM 子空间成像方法在多个 R-PIM 源目标的成像定位中性能方面的对比和分析。图 5-7、图 5-8 和图 5-9 分别为基于 OTSF-MUSIC、传统 SF-PM 和 SF-MUSIC 成像在噪声和杂波环境下的多个 R-PIM 源目标定位图。

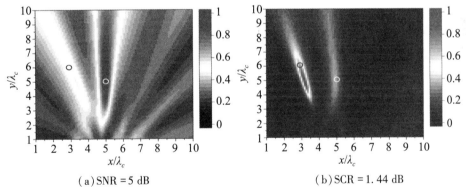

（a）SNR = 5 dB   （b）SCR = 1.44 dB

图 5-7　基于 OTSF-MUSIC 成像在噪声和杂波环境下的多个 R-PIM 源目标定位图

由于更多的 R-PIM 源目标需要成像定位，因此缩减了噪声子空间的维度，使得与单个 R-PIM 源目标的成像图相比，多个 R-PIM 源目标的成像性能相对弱化。具体来说，在噪声扰动环境中，OTSF-MUSIC 和 SF-PM 的成像定位图在非 R-PIM 源目标位置中出现了更高的成像伪谱分布，同时在 R-PIM 源目标位置附近出现了变宽的成像伪谱分布，这使得 OTSF-MUSIC 和

SF-PM 在成像分辨率方面也有所退化。在成像定位精度方面，OTSF-MUSIC 成像伪谱的尖峰谱值估计位置尽管与两个 R-PIM 源目标位置存在一定偏差，但相距较小。在 SF-PM 的成像图中，明显可以看见第二个成像伪谱尖峰位置与第二个 R-PIM 源目标位置的偏差很大，使得 R-PIM 源目标的成像定位失准。即使在传统 SF-MUSIC 的成像图中，根据成像伪谱值尖峰估计所得的坐标位置，也与 R-PIM 源目标所在坐标位置存在一定的偏差，同时第二个 R-PIM 源目标成像伪谱亮度较暗。

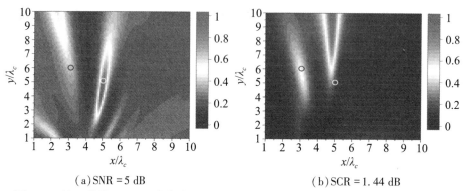

（a）SNR = 5 dB   （b）SCR = 1.44 dB

图 5-8　基于传统 SF-PM 成像在噪声和杂波环境下的多个 R-PIM 源目标定位图

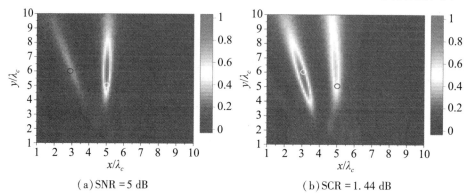

（a）SNR = 5 dB   （b）SCR = 1.44 dB

图 5-9　基于 SF-MUSIC 成像在噪声和杂波环境下的多个 R-PIM 源定位图

在杂波扰动环境中的多个 R-PIM 源目标成像定位，无论是 OTSF-MUSIC 还是传统的 SF-PM 和 SF-MUSIC，成像图中都出现了定位性能弱化。OTSF-MUSIC 和传统 SF-PM 成像图中均出现明显的 R-PIM 源目标的轻微淹没问题，在 SF-PM 成像图中的成像伪谱尖峰估计位置与 R-PIM 源目标位置存在更为明显的偏差。在传统 SF-MUSIC 成像图中，R-PIM 源目标淹没问题得到了一定的解决且成像定位精度也有一定提高，与 OTSF-MUSIC 成像图中的 R-PIM 源目标成像定位精度基本一致。因此，OTSF-MUSIC 与传统 SF-MUSIC 的成像性能相近，而传统 SF-PM 成像性能在杂波环境中进一步弱化。

5.3.4 成像分辨率分析

进一步对上述 OTSF-MUSIC、传统 SF-PM 和 SF-MUSIC 的成像分辨率性能展开研究，在本小节中，通过沿着 x 轴的成像伪谱 dB 分布，重点对上述三种成像方法的成像横向分辨率进行对比。图 5-10 比较了 OTSF-MUSIC、传统 SF-PM 和 SF-MUSIC 在不同扰动环境下的横向成像分辨率。在图 5-10(a) 中，上述三种成像方法的 -3 dB 分辨宽度几乎一致，表明其在同等噪声环境中的横向成像分辨率近似一致。在杂波干扰下，上述三种成像均未达到 0 的成像伪谱尖峰值，这表明其在成像定位精度上均有一定的 R-PIM 源目标位置估计的失准，但 OTSF-MUSIC 和传统 SF-MUSIC 能够在 $x = 5\lambda_c$ 处达到曲线的最高峰值，而 SF-PM 在 $x = 5\lambda_c$ 处尚未达到曲线的最高峰值，这表明 OTSF-MUSIC 和传统 SF-MUSIC 成像定位精度较高，也有利于多个 R-PIM 源目标准确的横向区分。此外，OTSF-MUSIC 和传

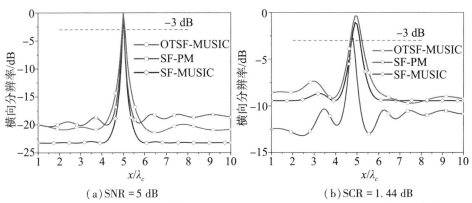

(a) SNR = 5 dB (b) SCR = 1.44 dB

图 5-10 OTSF-MUSIC、传统 SF-PM 和 SF-MUSIC 在不同干扰环境下的横向

分辨率比较

图 5-11 对比了 OTSF-MUSIC 在不同干扰环境下的横向成像分辨率。随

着 SNR 和 SCR 的增大，OTSF-MUSIC 的 −3 dB 的横向分辨宽度进一步缩减，成像分辨率得以提升。与第四章中的 TTRO-MUSIC 和 PM-MUSIC 一样，OTSF-MUSIC 具有 R-PIM 源目标超分辨区分的能力，但在噪声和杂波扰动环境中，成像稳定性较差。

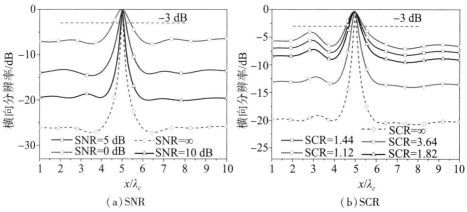

图 5-11　OTSF-MUSIC 在不同干扰环境下的成像横向分辨率对比

5.3.5　计算复杂度分析

在本小节中，通过统计子空间获取的浮点计算复杂度对 OTSF-MUSIC、传统 SF-MUSIC 和 SF-PM 成像方法的计算复杂度进行重点分析。在 OTSF-MUSIC 中，欧几里得范数的计算及线性传播算子 $\boldsymbol{P}_{SF}$ 的计算是噪声子空间估计计算复杂度，分别以 C_{euclid} 和 $C_{P\,SF}$ 表示。在式（5-5）中，欧几里得范数的计算需要 $C_{euclid} = 2NQ - N$ 次浮点计算复杂度；$\boldsymbol{K}_{OTSF,i}^{E}(\boldsymbol{K}_{OTSF,i}^{E})^{H}$ 的矩阵运算大约需要 $(2Q-1)M^2$ 次浮点计算度，求解 $\boldsymbol{K}_{OTSF,i}^{E}(\boldsymbol{K}_{OTSF,i}^{E})^{H}$ 矩阵的逆矩阵则包括 $3M^3/2\text{-}M^2/2$ 次的乘法浮点计算和 $3M^3/2-2M^2+M/2$ 次的加法浮点计算。另外，式（5-17）还需要 $2NMQ$ 次浮点计算。因此，OTSF-MUSIC 中的浮点计算复杂度 $C_{P\,SF}$ 可近似为

$$C_{P\,SF} = (2Q-1)M^2 + 2NMQ + 3M^3/2 - 5M^2/2 + M/2 \tag{5-19}$$

则 OTSF-MUSIC 的整体浮点计算复杂度为

$$C_{OTSF\text{-}MUSIC} = C_{euclid} + C_{P\,SF} \tag{5-20}$$

在传统 SF-MUSIC 中，通过 SVD 分解 SF-MDM 提取噪声子空间为主要的计算复杂度。与式(3-16)中的 C_{SVD} 一致，但 SF-MDM 的矩阵维度为 $N \times Q$，则 SF-MUSIC 的浮点计算复杂度 $C_{\mathrm{SF\text{-}MUSIC}}$ 可近似为

$$C_{\mathrm{SF\text{-}MUSIC}} = 4N^2 Q + 26Q^3 / 3 \tag{5-21}$$

而对于 SF-PM，其浮点计算复杂为 $C_{P\,\mathrm{SF}}$，有

$$C_{\mathrm{SF\text{-}PM}} = C_{P\,\mathrm{SF}} \tag{5-22}$$

上述三种成像方法的浮点计算复杂度对比如表 5-1 所示。

表 5-1   OTSF-MUSIC、传统 SF-PM 和 SF-MUSIC 的浮点计算复杂度对比

方法	浮点计算复杂度
OTSF-MUSIC	$2NQ - N + (2Q - 1)M^2 + 2NMQ + 3M^3/2 - 5M^2/2 + M/2$
SF-PM	$(2Q - 1)M^2 + 2NMQ + 3M^3/2 - 5M^2/2 + M/2$
SF-MUSIC	$4N^2 Q + 26Q^3/3$

根据表 5-1 中所述成像方法的浮点计算复杂度，图 5-12 为 SF-MUSIC 与 OTSF-MUSIC、SF-PM 的浮点计算复杂度之比(取对数)随 TRM 阵列单元数量 N 变化的关系，单静态数据 SF-MDM 中的列向量数，即均匀采样频点数为 $Q = 301$。在图 5-12 中，$C_{\mathrm{SF\text{-}MUSIC}}/C_{\mathrm{OTSF\text{-}MUSIC}}$ 与 $C_{\mathrm{SF\text{-}MUSIC}}/C_{\mathrm{SF\text{-}PM}}$ 的值均为正数，表明 SF-MUSIC 的计算复杂度远高于 OTSF-MUSIC 和 SP-PM 的计算复杂度。但 $C_{\mathrm{SF\text{-}MUSIC}}/C_{\mathrm{OTSF\text{-}MUSIC}}$ 曲线略低于 $C_{\mathrm{SF\text{-}MUSIC}}/C_{\mathrm{SF\text{-}PM}}$，这是因为在 OTSF-MUSIC 中计算了欧几里得范数，使得计算复杂度提高，导致 $C_{\mathrm{OTSF\text{-}MUSIC}}$ 高于 $C_{\mathrm{SF\text{-}PM}}$。随着 R-PIM 源数目 M 的增多，在 $C_{\mathrm{OTSF\text{-}MUSIC}}$ 和 $C_{\mathrm{SF\text{-}PM}}$ 中的 $C_{P\,\mathrm{SF}}$ 进一步增大，使得其在 $C_{\mathrm{SF\text{-}MUSIC}}$ 的占比提升，因此，$C_{\mathrm{SF\text{-}MUSIC}}/C_{\mathrm{OTSF\text{-}MUSIC}}$ 曲线逐渐靠近 $C_{\mathrm{SF\text{-}MUSIC}}/C_{\mathrm{SF\text{-}PM}}$ 曲线。

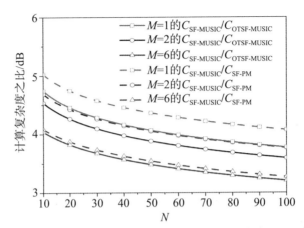

图 5-12 $C_{\text{SF-MUSIC}}/C_{\text{OTSF-MUSIC}}$ 与 $C_{\text{SF-MUSIC}}/C_{\text{SF-PM}}$ 在 $Q=301$ 时随 TRM 阵列单元数 N
变化的关系

随着 TRM 阵列单元数 N 的增大，$C_{\text{SF-MUSIC}}/C_{\text{OTSF-MUSIC}}$ 与 $C_{\text{SF-MUSIC}}/C_{\text{SF-PM}}$ 却逐渐减少，这主要是因为此时均匀采样频点数为 $Q=301$，也远大于图 5-12 中的最大 TRM 阵列单元数，即 $N=100$，同时 Q 的阶数也最高。那么当 N 不断增大时，SF-MUSIC 中的增量相对 $C_{\text{SF-MUSIC}}$ 较小，而 OTSF-MUSIC 和 SF-PM 中的增量相对 $C_{\text{OTSF-MUSIC}}$ 和 $C_{\text{SF-PM}}$ 较大。也就是说在 Q 远大于 N 时，$C_{\text{OTSF-MUSIC}}$ 和 $C_{\text{SF-PM}}$ 随着 N 增大的增长速度较快，而 $C_{\text{SF-MUSIC}}$ 增长速度较慢，导致 $C_{\text{SF-MUSIC}}/C_{\text{OTSF-MUSIC}}$ 和 $C_{\text{SF-MUSIC}}/C_{\text{SF-PM}}$ 降低。随着 N 的进一步增大至超过或远大于 Q 时，$C_{\text{SF-MUSIC}}/C_{\text{OTSF-MUSIC}}$ 和 $C_{\text{SF-MUSIC}}/C_{\text{SF-PM}}$ 将进一步提高。因此，在图 5-13 中，将均匀采样频点数设置为 $Q=10$，$C_{\text{SF-MUSIC}}/C_{\text{OTSF-MUSIC}}$ 和 $C_{\text{SF-MUSIC}}/C_{\text{SF-PM}}$ 均呈现先降低后增长的趋势。

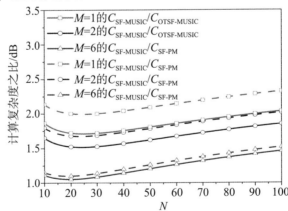

图 5-13 $C_{\text{SF-MUSIC}}/C_{\text{OTSF-MUSIC}}$ 与 $C_{\text{SF-MUSIC}}/C_{\text{SF-PM}}$ 在 $Q=10$ 时随 TRM 阵列单元数 N
变化的关系

图 5-14 为 SF-MUSIC 与 OTSF-MUSIC、SF-PM 的浮点计算复杂度之比（取对数）在 $N=100$ 时随均匀采样频点数 Q 变化的关系。在表 5-1 中可以看到，SF-MUSIC 中的 Q 阶数比 N 阶数高，那么随着 Q 的不断增大，$C_{\text{SF-MUSIC}}$ 增长速度远大于 $C_{\text{OTSF-MUSIC}}$ 和 $C_{\text{SF-PM}}$。因此，$C_{\text{SF-MUSIC}}/C_{\text{OTSF-MUSIC}}$ 与 $C_{\text{SF-MUSIC}}/C_{\text{SF-PM}}$ 也不断地增长。

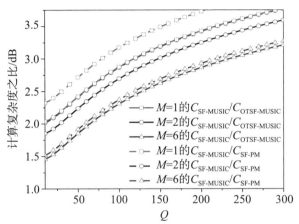

图 5-14 $C_{\text{SF-MUSIC}}/C_{\text{OTSF-MUSIC}}$ 与 $C_{\text{SF-MUSIC}}/C_{\text{SF-PM}}$ 在 $N=100$ 时随均匀采样频点数 Q 变化的关系

在对比分析浮点计算复杂度的基础上，图 5-15 还比较了 OTSF-MUSIC、传统 SF-PM 和 SF-MUSIC 获取噪声子空间的运行时间，这几类方法也都运行在同一硬件环境中。在图 5-15 中，单静态数据 SF-MDM 中的列向量数，即均匀采样频点数 $Q=301$。在三种获取单静态数据 SF-MDM 的噪声子空间的方法中，传统 SF-MUSIC 由于 SVD 分解的应用，运行耗时最大，而在 OTSF-MUSIC 和 SF-PM 中无须 SVD 分解，降低了运行耗时，但由于欧几里得范数的计算使得 OTSF-MUSIC 的运行耗时比传统 SF-PM 的运行耗时略微提高。

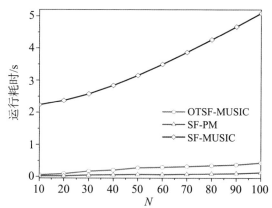

图 5-15　OTSF-MUSIC、传统 SF-PM 和 SF-MUSIC 获取噪声子空间的运行时间比较

在 $N=100$ 时，SF-MUSIC 运行耗时为 5.087 s，而 OTSF-MUSIC 和 SF-PM 运行耗时分别缩减至 0.43 s 和 0.127 s。在大型阵列应用中，OTSF-MUSIC 和 SF-PM 节省的运行耗时最高约可分别达到 TR-MUSIC 运行耗时的 97.5% 和 91.5%。因此，在应用大阵列的情况下，OTSF-MUSIC 和 SF-PM 成像均可有效降低计算复杂度并节省运行耗时。表 5-2 对比了 OTSF-MUSIC、传统 SF-PM 和 SF-MUSIC 获得噪声子空间的运行时间。

表 5-2　OTSF-MUSIC、传统 SF-PM 和 SF-MUSIC 获得噪声子空间的运行时间对比

N	OTSF-MUSIC/s	SF-PM/s	SF-MUSIC/s
20	0.087	0.021	2.369
40	0.205	0.056	2.839
60	0.295	0.066	3.493
80	0.345	0.087	4.259
100	0.43	0.127	5.087

5.3.6　定位精度分析

尽管 SF-PM 的计算复杂度及运行耗时远小于 SF-MUSIC，且略微小于 OTSF-MUSIC 的运行耗时，但是，从 5.3.2 小节和 5.3.3 小节分析中可以看到 SF-PM 成像定位误差较大。进一步以定位独立分布在 $(5\lambda_c, 5\lambda_c)$ 的单个 R-PIM 源目标成像定位为例，图 5-16 为 OTSF-MUSIC、传统 SF-PM 和 SF-MUSIC 随 SNR 变化的定位 RMSE。

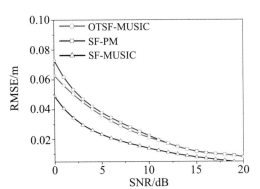

图 5-16　OTSF-MUSIC、传统 SF-PM 和 SF-MUSIC 随 SNR 变化的定位 RMSE

与 SF-MUSIC 的定位 RMSE 相比，OTSF-MUSIC 和 SF-PM 均为截断数据的噪声子空间估计，使得定位 RMSE 增大。但相较于传统 SF-PM，定位 RMSE 得到了一定地降低，这是因为 OTSF 为最优数据组成的截断阵列信息，是最主要的信息成分，噪声项对其干扰较小，如图 5-16 所示。随着 SNR 的不断增大，OTSF-MUSIC 和 SF-PM 的定位 RMSE 曲线具有较好的一致性，但其定位 RMSE 均要高于 SF-MUSIC，这是由于式(5-16)始终无法达到零值。特别当 SNR = 0 时，OTSF-MUSIC 和 SF-MUSIC 的定位 RMSE 分别为 0.063 m 和 0.049 m，而 SF-PM 的定位 RMSE 则下降为 0.073 m。三种方法随 SNR 变化的成像定位 RMSE 比较见表 5-3 所列。

表 5-3　OTSF-MUSIC、传统 SF-PM 和 SF-MUSIC 随 SNR 变化的成像定位 RMSE

SNR	OTSF-MUSIC/m	SF-PM/m	SF-MUSIC/m
0	0.063	0.073	0.049
5	0.036	0.038	0.023
10	0.021	0.022	0.014
15	0.012	0.012	0.008
20	0.008	0.008	0.004

5.4 本章小结

第四章内容基于 TTRO 子空间成像理论展开，本章进一步提出了一种基于 OTSF 单静态数据的 OTSF-MUSIC 成像方法，解决了单静态数据在多个 R-PIM 源目标传统成像定位方法中失效的问题。首先，构建了 SF-MDM 的单静态数据矩阵，阐述了 OTSF 的具体物理意义；其次，阐述了依据线性传播算子对 OTSF 估计的噪声子空间可用于本章提出的 OTSF-MUSIC 成像法；最后，从成像伪谱分布图、成像分辨率、计算复杂度、子空间运行耗时和定位精度等方面对比分析了 OTSF-MUSIC、传统 SF-PM 和 SF-MUSIC 的成像性能。在噪声子空间的获取中，OTSF-MUSIC 最高可节省约 91.5% 的 SF-MUSIC 运行耗时，SF-PM 最高可节省大的 97.5%。然而，在低 SNR 和低 SCR 条件下，SF-PM 产生了较大定位误差，在 SNR = 0 时可高至 0.073 m，而 OTSF-MUSIC 下降至 0.063 m。因此，从计算复杂度、噪声子空间的运行耗时、成像定位精度的对比中可以明晰，OTSF-MUSIC 是基于单静态数据 SF-MDM 子空间成像中平衡高成像定位精度和低计算复杂度较好的选择。

第六章

R-PIM 源成像定位实验

在前几章节中分别阐述了基于 TTRO 低复杂度成像，基于多频伪谱级联时间反演，以及基于 OTSF 噪声子空间估计成像的新型时间反演成像方法。在本章中，开展了基于模拟 R-PIM 源的辐射源目标成像定位的原理性实验研究，以验证上述成像方法在 R-PIM 源定位的有效性与可行性。

6.1　R-PIM 源成像定位实验

6.1.1　R-PIM 源成像定位实验系统

图 6-1 为复杂环境中的 R-PIM 源成像定位实验系统图，由 TRM 阵列、R-PIM 源、半封闭金属腔体、Tektronix AWG7122B（arbitrary wave generator，AWG）的任意波发生器、信号放大器、Tektronix DSA72004B（digital serial analyzer，DSA）的数字串行分析仪、亚克力板固定装置、同轴线缆等实验仪器及其他设备组成，用于 R-PIM 源成像定位实验系统及其器件的物理参数具体见表 6-1 所列。

TRM阵列　　R-PIM源　　任意波发生器　　半封闭金属腔体　　放大器　　数字串行分析仪

图 6-1　复杂环境中的 R-PIM 源成像定位实物系统图

表 6-1　用于 R-PIM 源成像定位实验系统及其器件的物理参数

成像定位实验器件	物理参数	尺寸/mm
TRM 阵列单元	W_f	86
	L_p	21. 13
	W_p	17. 13
	D_G	4
	D_c	1. 743
	L_{feed}	—
	d	88
等效 R-PIM 源	L_1	50. 5
	L_2	47. 9
	D	6. 58
成像区域尺寸	W_1	$373(\approx 2.16\lambda_c)$
	L_1	$256(\approx 1.48\lambda_c)$
模拟相控阵的半封闭金属腔体	W_c	280
	L_c	530
	H_c	200
系统相关尺寸	W	1275. 6
	L	1515. 6
	d_{sp}	413. 3

该实验旨在从原理上验证上述新型时间反演成像法在 R-PIM 源的定位应用。图 6-2(a)和图 6-2(b)分别展示了模拟 R-PIM 源的套筒天线的仿真图及实物图。如图 6-2(a)所示的仿真图，该套筒天线为铜制，套筒直径为 $D = 6.58$ mm，套筒长度分别为 $L_1 = 50.5$ mm 和 $L_2 = 47.9$ mm。

假设等效 R-PIM 源的天线极化方向未知，易丢失 TRM 阵列的接收信息，因此，TRM 阵列单元采用 $\pm 45°$ 的双极化天线，总计 $N = 5$ 个阵列单元。其仿真图如图 6-3 所示，具体的物理参数尺寸可参考表 6-1，图 6-4 为该单元的实物图。图 6-5 为 TRM 阵列单元的 $|S_{11}|$ 参数曲线，从仿真曲线上看，频率为 $1.68 \backsim 1.8$ GHz，$|S_{11}|$ 均小于 -15 dB。通过实测，发现存在一定的频偏，主要是由于加工误差导致。需要指明的是，在第三章和第四章的数值理论仿真中，参考的频率为 $1.6 \backsim 1.8$ GHz，在 R-PIM 源定位实验系统的操作频率需参考为 $1.68 \backsim 1.8$ GHz。对于该单元构成的 TRM 阵列，两个相邻的双极化天线的中心点间距 $d = 88$ mm，近乎为中心频率 $\omega_c = 1.74$ GHz 对应波长 $\lambda_c = 172.4$ mm 的一半。

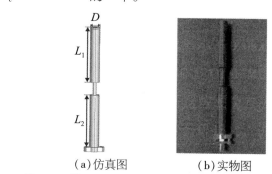

（a）仿真图　　　　（b）实物图

图 6-2　模拟 R-PIM 源的套筒天线的仿真图及实物图

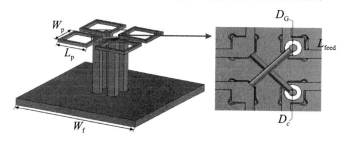

图 6-3　TRM 接收阵列单元仿真图

（a）双极化振子 （b）馈电端口

图 6-4　TRM 接收阵列单元实物图

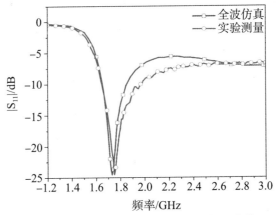

图 6-5　TRM 阵列单元的 ｜S$_{11}$｜ 参数曲线

在 R-PIM 源成像定位实验中，利用半封闭金属腔体模拟相控阵，并将 R-PIM 源固定在该半封闭金属腔体内，如图 6-6 所示。该半封闭金属腔体由 6 面可拆卸的铜板组装构成，在每一面金属板上开设一定大小的孔以便模拟相控阵内部的多散射、多反射的复杂电磁环境，该金属腔体的长、宽和高分别为 $L_c = 530$ mm，$W_c = 280$ mm 和 $H_c = 200$ mm，在腔体内部，额外放置亚克力材质板用以固定放置其中的 R-PIM 源。实验时，AWG 将会产生两路信号，分别是经端口 1 处发射的调制高斯脉冲信号和经端口 2 发射的高斯脉冲信号。经端口 1 发射的调制高斯脉冲信号经信号放大后，馈入半封闭金属腔体内的 R-PIM 源中，随后经模拟 R-PIM 源的套筒天线将信号辐射至空间中，将 TRM 阵列天线单元端口通过同轴线缆与 DSA 的端口相连，在 DSA 上记录和保存由 TRM 阵列单元接收的辐射信息。为保证切换不同 TRM 阵列单元通道后，分时采集信号的同步性，在 AWG 中端口 2 处的高斯脉冲信号

直接馈入 DSA，同时在 DSA 中设置上升沿触发。最终，在每一 TRM 阵列单元的端口处采集实验接收信号，并储存。

（a）实物图

（b）内部装置 R-PIM 源

图 6-6　模拟相控阵的铜制半封闭腔体

6.1.2　R-PIM 源成像定位传输矩阵

在所提出的成像方法中，成像区域离散搜索网格点到 TRM 阵列的传输向量需预先获取。在数值仿真实验中，由于 R-PIM 源目标和阵列单元均假设为理想点，R-PIM 源到阵列单元间的传输响应均由可解析的格林函数代替。然而，在实际实验中，由于电磁环境和组件结构的复杂性，可解析的格林函数解不能描述成像区域至 TRM 阵列传输响应关系。因此，借助 CST Studio Suite 商用软件构建与成像定位实验系统等比例的全波仿真模型图，以获取成像区域离散搜索网格点到 TRM 阵列的全波仿真传输矩阵。图 6-7（a）和图 6-7（b）分别展示了复杂环境内的 R-PIM 源成像定位全波仿真模型俯视图和侧视图，该全波仿真模型与图 6-1 中的真实实验模型按照 1∶1 等比例建立。

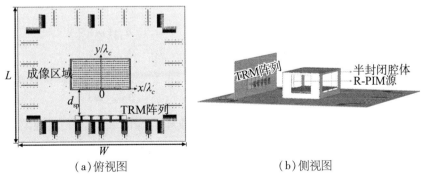

（a）俯视图　　　　　　　　　　　　　　（b）侧视图

图 6-7　R-PIM 源成像定位全波仿真模型图

在 CST Studio Suite 全波仿真中，获取成像区域所有离散搜索网格点到 TRM 阵列的传输矩阵具体步骤如下。

(1)在 TRM 天线阵列单元的端口中依次馈入 1.68〜1.8 GHz 的调制高斯脉冲信号 $s(t)$，该信号如图 6-8 所示。

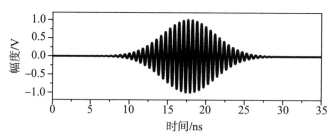

图 6-8　R-PIM 源的发射调制高斯脉冲信号

(2)在空间中设定任意高度二维观测面，其大小为 $2.16\lambda_c \times 1.48\lambda_c$，总计 373×256 个离散网格点，相邻网格点的间距为 1 mm。并在 CST Studio Suite 仿真软件中设置频域电场监视器。

(3)因为 TRM 天线阵列单元为双极化天线，存在两个端口，所以提取第 $n(1 \leqslant n \leqslant 2N)$ 个天线端口成像区域离散搜索网格点对应的频域电场 $E_{nk}(\omega)$，其中 n 和 k 分别表示第 n 个 TRM 天线阵列单元数和第 k 个成像区域离散搜索网格点；同时将馈入信号 $s(t)$ 进行傅里叶变换获得 $s(\omega)$，即获得 TRM 阵列第 n 个单元至第 k 个搜索点的传输 $h_{nk}(\omega) = E_{nk}(\omega)/s(\omega)$，那么，对于整个 TRM 阵列与所有成像区域中的搜索点，有传输矩阵 $\boldsymbol{H}(\omega)$，可由下式获得

$$\boldsymbol{H}(\omega) = \begin{bmatrix} h_{11}(\omega) & h_{12}(\omega) & \cdots & h_{1K}(\omega) \\ h_{21}(\omega) & h_{12}(\omega) & \cdots & h_{2K}(\omega) \\ \vdots & \vdots & & \vdots \\ h_{N'1}(\omega) & h_{N'2}(\omega) & \cdots & h_{N'K}(\omega) \end{bmatrix} \qquad (6\text{-}1)$$

式中，$N' = 2N$ 和 K 分别为 TRM 阵列端口数和成像区域中总的离散网格数。从前几章的理论分析中可以得到，DORT 或 DORTT 要求相邻两个单元(此处为端口)的相位差与目标传输矩阵的相位差尽量一致。考虑 $E_{nk}(\omega)$ 和

$s(\omega)$ 在数值上可能存在量级的差异。因此，在 $\boldsymbol{H}(\omega)$ 中，可将每一列传输向量进行归一化处理。

（4）由于模拟 R-PIM 源的套筒天线具有一定的尺寸，非理想点源。在步骤（2）中，并没有考虑源天线的存在带来的电磁环境干扰，所以步骤（2）中获取传输矩阵的仿真模型与信号接收模型存在一定的失配性。为了更好地比较以及验证所提方法的准确性，需要获取套筒天线存在的传输矩阵。将套筒天线放置在初始位置，并在高于套筒天线的平面上设定频域电场观测面，其尺寸与步骤（2）一致。同时，定义通过步骤（2）和步骤（4）所得传输矩阵分别为失配传输矩阵和匹配传输矩阵。

6.1.3　R-PIM 源成像定位实验方案

根据图 6-1 和图 6-7 中的 R-PIM 源成像定位实验系统图和全波仿真模型图，开展基于 DORTT 和 TTRO-MUSIC、MCTR-MUSIC 及 OTSF-MUSIC 成像的 R-PIM 源定位方法验证。在 DORTT 和 TTRO-MUSIC 成像方法中：（1）在模拟 R-PIM 源套筒天线的端口中馈入 $1.68\backsim1.8$ GHz 的调制高斯脉冲信号 $s(t)$，并计算其频域形式 $s(\omega)$；（2）记录且保存 TRM 阵列单元端口的时域接收信号 $r_n(t)$，并对其进行傅里叶变换获得频域接收信号 $r_n(\omega)$，并获取中心频率时间反演算子 $T(\omega_c)$；（3）通过式（4-15）求得 E-TTRO，并利用 QRD 对 E-TTRO 进行分解，得到 Q 空间，取 Q 空间的第一列向量为信号子空间，剩余向量组成的矩阵为噪声子空间；（4）利用 6.1.2 小节中仿真计算中心频点处的传输矩阵 $\boldsymbol{H}(\omega_c)$，通过式（4-32）和式（4-34）分别形成基于 E-TTRO 的 DORTT 和 TTRO-MUSIC 的成像定位图。

在 MCTR-MUSIC 成像方法中：（1）与上述 DORTT 和 TTRO-MUSIC 成像方法中的步骤（1）一致；（2）获得频域接收信号 $r_n(\omega)$，并获取多个采样频点的时间反演算子 $T(\omega)$，采样频点间隔可为 0.02 GHz；（3）利用 6.1 小节中仿真计算各采样频点处的传输矩阵 $\boldsymbol{H}(\omega)$；因 R-PIM 源定位实验中频带较窄且 TRM 单元数目较少，可省去 WCF 和最优噪声向量提取；同时通过式(4-34)计算各采样频点处的 TTRO-MUSIC 成像伪谱分布；（4）最后利用式(3-14)形成 MCTR-MUSIC 成像定位图。

在 OTSF-MUSIC 成像方法中：（1）与上述 DORTT 和 TTRO-MUSIC 成像方法中的步骤(1)一致；（2）记录且保存 $r_n(t)$，并对其进行傅里叶变换形成单静态数据 SF-MDM；（3）利用式(5-5)构建 OTSF，并通过式(5-17)对单静态数据 SF-MDM 进行噪声子空间的估计；（4）最后利用式(5-18)形成 OTSF-MUSIC 成像定位图。

6.2　R-PIM 源成像定位实验结果

6.2.1　时间反演镜阵列的接收信号

根据图 6-1 中的复杂环境内的 R-PIM 成像定位实验系统图，利用 DSA 依次记录、保存由 TRM 阵列单元接收的 R-PIM 源辐射信号，如图 6-9 所示。图 6-9 中，左列的图中曲线表示 TRM 阵列单元的 +45°极化方向端口所接收的时域信号；右列的图中曲线表示 TRM 阵列单元的 −45°极化方向端口所接收的时域信号。每一行的图为第 n 个 TRM 阵列单元所接收的时域信号图。在后续的 R-PIM 源成像定位实验验证中，以全波仿真接收信号进行 R-PIM 源成像定位的对比分析。

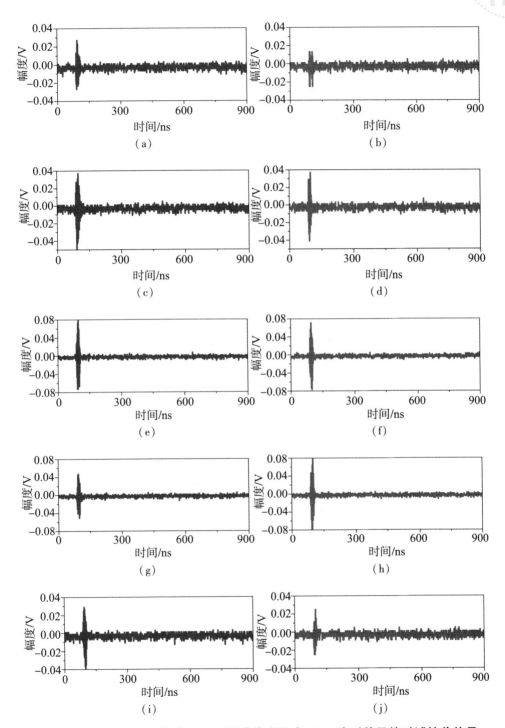

图 6-9　半封闭金属腔体内 R-PIM 源成像定位中 TRM 阵列单元的时域接收信号

$\boxed{6.2.2}$ 基于截断时间反演算子分解的 R-PIM 源成像定位

根据图 6-7 中的 R-PIM 源成像定位全波仿真模型图以及表 6-1 中的物理参数可得，观测成像区域的宽和长分别为 $W_I = 373\ \text{mm}$ 和 $L_I = 256\ \text{mm}$，约为 $2.16\lambda_c$ 和 $1.48\lambda_c$，因此观测成像区域可划分为 $-1.08\lambda_c \curvearrowright 1.08\lambda_c$ 沿 x 轴分布，及 $0 \curvearrowright 1.48\lambda_c$ 沿 y 轴分布所包围的坐标区域，在模拟 R-PIM 源的成像定位实验中，套筒天线的中心位置位于坐标 $(0.116\lambda_c, 0.017\lambda_c)$ 处，λ_c 是中心频率点对应的波长。在本小节中，首先从全波仿真和真实实验接收信号展开基于 TTRO 分解的子空间成像在 R-PIM 源定位的可行性分析与原理性验证。图 6-10 比较了基于全波仿真数据接收信号的 DORTT 成像图与传统 TRMI 成像图，其中在图 6-10(a) 和图 6-10(b) 中采用了最优的 E-TTRO，即中心频率时间反演算子的截断数据。

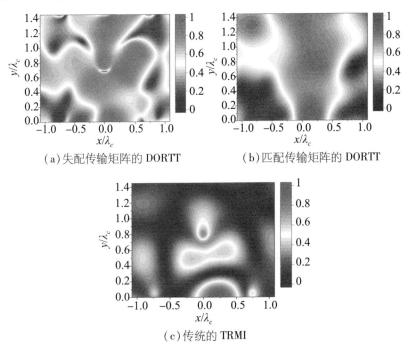

(a) 失配传输矩阵的 DORTT   (b) 匹配传输矩阵的 DORTT

(c) 传统的 TRMI

图 6-10 基于全波仿真数据接收信号的 DORTT 成像图与传统 TRMI 成像图比较

在图 6-10（a）中，该传输矩阵为失配传输矩阵，虽然在 R-PIM 源目标附近出现了最大的成像伪谱值，但是在 R-PIM 源位置方向无明显指向性的伪谱波束且在非 R-PIM 源目标处的成像伪谱值较大，不易直观的判断 R-PIM 源目标的位置；由于接收信号的仿真模型与传输矩阵的仿真模型完全一致，使得从 E-TTRO 分解的信号子空间与 R-PIM 源目标处的传输矩阵更为吻合，因此，在图 6-10（b）中出现了指向 R-PIM 源的成像伪谱波束。为进一步评估时间反演技术在 R-PIM 源成像定位应用中的可行性，图 6-10（c）为传统 TRMI 成像的 R-PIM 源定位图，在该图中 R-PIM 源目标附近出现了半圆成像伪谱光斑（因 R-PIM 源放置在观测成像区域边缘附近导致的半圆光斑），正如理论分析中那样，TRMI 由于非完美的 TRM 阵列的应用在非 R-PIM 源目标位置处出现空间成像伪谱旁瓣，无法直观地准确判断出 R-PIM 源目标的位置。TRMI 是回传辐射信号在 R-PIM 源目标处聚焦时刻时的空间成像伪谱分布图，需要记录 R-PIM 源发射信号的聚焦时刻，从而在有限时域窗内计算回传辐射信号在 R-PIM 源目标处聚焦时刻；当缺乏 R-PIM 源发射信号的时域分布信息时，需要在时域窗内寻找聚焦时刻及其最大成像伪谱值。因此，TRMI 的空时分布成像导致系统复杂度较高。

在基于 TTRO 分解的子空间成像中，TTRO-MUSIC 由于噪声子空间与 R-PIM 源目标处的传输向量共轭存在正交性，使得 TTRO-MUSIC 的成像图在 R-PIM 源目标处能够形成成像伪谱尖峰，更易直观地判断出 R-PIM 源目标的位置。图 6-11 为基于全波仿真接收信号的 DORTT-MUSIC 成像图，从图中可以看见，在 R-PIM 源目标附近存在成像伪谱峰值，失配传输矩阵使得在非 R-PIM 源目标位置出现若干较大白色区域，其成像伪谱值相对较大，而匹配传输矩阵的成像图中非 R-PIM 源目标位置的成像伪谱值近似为零。

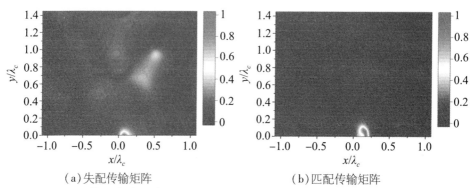

（a）失配传输矩阵　　　　　　　　　　（b）匹配传输矩阵

图 6-11　基于全波仿真接收信号的 TTRO-MUSIC 成像的 R-PIM 源定位图

需要特别注意的是，图 6-11（a）中根据最大成像伪谱值估计的定位位置比图 6-11（b）中估计的定位位置更接近 R-PIM 源中心坐标位置，这是因为套筒天线本身具有一定的尺寸，其直径 $D = 6.58$ mm，比观测成像区域中最小搜索网格尺寸更大，不是理论及其数值仿真讨论中的点状辐射源。因此在获取图 6-11（b）中的匹配传输矩阵时，需要将模拟 R-PIM 源天线放置在全波仿真模型中，可认为 R-PIM 源中心坐标附近其他离散网格点传输向量的共轭与噪声子空间也存在一定的正交性，使得图 6-11（b）中出现略微变大的聚焦光斑，但其整体尺寸也较小，横向宽度和纵向宽度均小于 $0.2\lambda_c$。

在基于全波仿真接收信号 DORTT 和 TTRO-MUSIC 成像的 R-PIM 源定位验证基础上，图 6-12 为基于真实实验接收信号 DORTT 和 TTRO-MUSIC 成像的 R-PIM 源定位，接收信号未做任何底噪消除处理，存在较大的扰动。从 DORTT 的成像图中可以看出，虽然存在指向 R-PIM 源目标方向的成像伪谱主波束，但在非 R-PIM 源目标位置出现了较大的成像伪谱副瓣，且最大成像伪谱值所估计的定位位置与 R-PIM 源中心坐标位置的偏差也有所提升。在 TTRO-MUSIC 的成像图中，因真实实验数据中的扰动，相较图 6-11（b）、图 6-12（b），在 R-PIM 源目标处出现了沿 y 轴伪谱变宽的成像光斑，同时增大了在非 R-PIM 源目标位置的成像伪谱值。

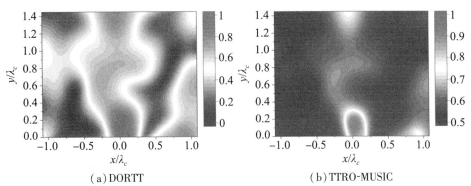

(a) DORTT (b) TTRO-MUSIC

图 6-12　基于真实实验接收信号 DORTT 和 TTRO-MUSIC 成像的 R-PIM 源定位图

6.2.3　基于多频伪谱级联时间反演的 R-PIM 源成像定位

本小节进一步展开基于 MCTR-MUSIC 方法在 R-PIM 源定位的可行性分析与原理性验证，考虑每一优化频点处的 TTRO-MUSIC 成像伪谱分布级联相乘以获取 MCTR-MUSIC 的成像图。图 6-13 为在不同频点处失配传输矩阵的 TTRO-MUSIC 全波仿真数据的 R-PIM 源定位图，每一张成像定位图对应的频点分别为 1.7 GHz、1.74 GHz、1.78 GHz 和 1.8 GHz。失配传输矩阵使得其他非中心频点处的 TTRO-MUSIC 成像图出现了弱伪像，而且在非 R-PIM 源目标位置处的成像伪谱值进一步提高，如图 6-13(c)和图 6-13(d)所示。图 6-14 为匹配传输矩阵应用的 TTRO-MUSIC 全波仿真数据的 R-PIM 源定位图，每一张成像定位图对应的频点与图 6-13 中均保持一致。相反地，在图 6-14 中，匹配传输矩阵使得每一张图在非 R-PIM 源目标位置处的成像伪谱值均近似为零，在 R-PIM 源目标附近处保持了噪声子空间与 R-PIM 源目标传输向量共轭的良好正交性。图 6-15 为在不同频点处匹配传输矩阵的 TTRO-MUSIC 真实实验数据的 R-PIM 源定位图，真实实验数据中的扰动同样使得在 TTRO-MUSIC 成像图出现了伪像及在非 R-PIM 源目标位置的高成像伪谱值分布，如图 6-15(a)所示。

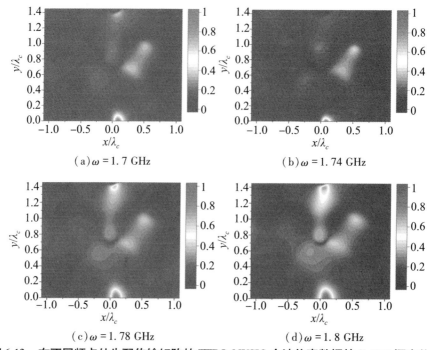

图 6-13　在不同频点处失配传输矩阵的 TTRO-MUSIC 全波仿真数据的 R-PIM 源定位图

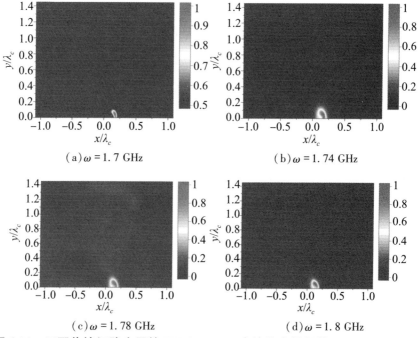

图 6-14　匹配传输矩阵应用的 TTRO-MUSIC 全波仿真数据的 R-PIM 源定位图

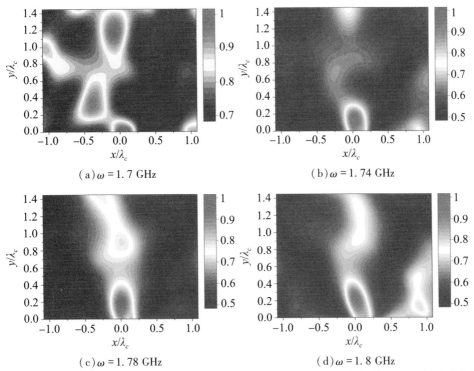

（a）$\omega = 1.7$ GHz

（b）$\omega = 1.74$ GHz

（c）$\omega = 1.78$ GHz

（d）$\omega = 1.8$ GHz

图6-15　在不同频点处匹配传输矩阵的 TTRO-MUSIC 真实实验数据的 R-PIM 源定位图

根据图6-13、图6-14 及图6-15 的多个频点的 TTRO-MUSIC 成像伪谱分布图，将其进行多频伪谱级联相乘便可得到基于 MCTR-MUSIC 三维成像的 R-PIM 源定位图，如图6-16 所示。在图6-16(a) 和图6-16(b) 中在 R-PIM 源目标附近形成了尖锐的成像伪谱值，同时抑制在非 R-PIM 源目标处的成像伪谱值近似为零，图6-16(a) 更为明显地消除了图6-13 中的伪像并抑制了在非 R-PIM 源目标处的高成像伪谱值。对于真实实验数据，MCTR-MUSIC 进一步有效地抑制了图6-15(a) 中的强伪像，但由于频点数取得较少，使得 MCTR-MUSIC 成像图中非 R-PIM 源目标位置也存在较大的成像伪谱分布，并没有抑制至零，如图6-16(c) 所示。

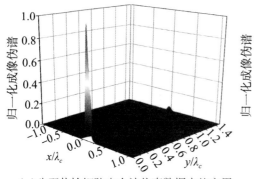

（a）失配传输矩阵在全波仿真数据中的应用

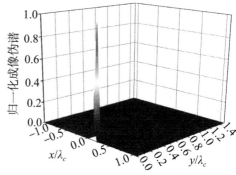

（b）匹配传输矩阵在全波仿真数据中的应用

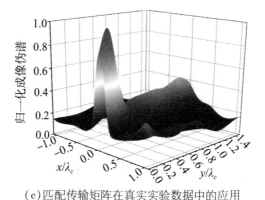

（c）匹配传输矩阵在真实实验数据中的应用

图 6-16　基于 MCTR-MUSIC 三维成像的 R-PIM 源定位图

6.2.4　基于最优截断空频算子估计的 R-PIM 源成像定位

将 TRM 阵列的接收信号构造成 SF-MDM 矩阵，计算出截断数据 OTSF，并估计出 SF-MDM 的噪声子空间，形成基于 OTSF-MUSIC 三维成像的 R-PIM 源定位图，如图 6-17 所示。在 OTSF-MUSIC 中，多频点噪声子空间与传输矩阵的计算叠加使得在 R-PIM 源目标处的成像伪谱相对于图 6-10 中 TTRO-MUSIC 的成像伪谱延展更宽，同时在非 R-PIM 源目标处的成像伪谱值因其叠加而增长，如图 6-17（a）中白色成像伪谱分布区域所示。

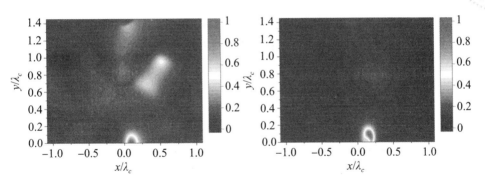

（a）失配传输矩阵在全波仿真数据中的应用　　（b）匹配传输矩阵在全波仿真数据中的应用

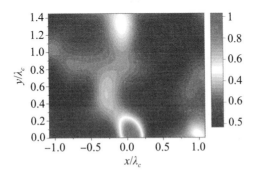

（c）匹配传输矩阵在真实实验数据中的应用

图 6-17　基于 OTSF-MUSIC 三维成像的 R-PIM 源定位图

6.3 成像性能分析与对比

　　根据上述 DORTT、TTRO-MUSIC、MCTR-MUSIC 及 OTSF-MUSIC 成像伪谱分布图，本小节重点对比和分析了上述成像方法的 R-PIM 源目标的定位精度。在 6.2.2 小节中提到，失配传输矩阵比匹配传输矩阵所估计的定位位置更接近 R-PIM 源中心坐标位置，具体见表 6-2 所列。

表 6-2 基于全波仿真信号的 TTRO-MUSIC 成像方法在
失配与匹配传输矩阵应用中的成像定位精度对比

TTRO-MUSIC	R-PIM 源 中心位置	成像定位 估计位置	绝对 误差/mm	相对 误差(λ_c)
失配传输矩阵	$(0.116\lambda_c, 0.017\lambda_c)$	$(0.11\lambda_c, 0)$	3.11	0.018
匹配传输矩阵		$(0.174\lambda_c, 0.046\lambda_c)$	11.18	0.065

失配传输矩阵应用中的最大成像伪谱值所估计的定位位置的绝对误差和相对误差分别为 3.11 mm 和 $0.018\lambda_c$，而在匹配传输矩阵应用中，绝对误差和相对误差分别为 11.18 mm 和 $0.065\lambda_c$，两者相差仅为 $0.047\lambda_c$。在匹配传输矩阵应用中，成像定位误差相对较大，主要是因为套筒天线具有一定的尺寸，使得最大成像伪谱值所估计的位置与 R-PIM 源目标中心坐标位置相距较远。但是匹配传输矩阵使得非 R-PIM 源目标处的成像伪谱值更小，更接近"清洁"的 R-PIM 源目标定位图。

在上述分析基础上，表 6-3 进一步对比分析了 DORTT 与 TTRO-MUSIC、MCTR-MUSIC、OTSF-MUSIC 成像在 R-PIM 源定位应用中的成像定位精度。DORTT 和 TTRO-MUSIC 只是因子空间的划分不同，其信号子空间与传输向量的匹配程度和噪声子空间与传输向量的正交性程度应该是一致的，因此，其成像定位精度均保持一致。

表 6-3 DORTT 与 TTRO-MUSIC、MCTR-MUSIC、OTSF-MUSIC
成像在 R-PIM 源定位应用中的成像定位精度对比

成像方法		R-PIM 源 中心位置	成像定位 估计位置	绝对 误差/mm	相对 误差(λ_c)
DORTT	仿真	—	$(0.174\lambda_c, 0.046\lambda_c)$	11.18	0.065
	实验	—	$(0.035\lambda_c, 0.116\lambda_c)$	22.05	0.128
TTRO-MUSIC	仿真	—	$(0.174\lambda_c, 0.046\lambda_c)$	11.18	0.065
	实验	—	$(0.035\lambda_c, 0.116\lambda_c)$	22.05	0.128
MCTR-MUSIC	仿真	$(0.116\lambda_c, 0.017\lambda_c)$	$(0.157\lambda_c, 0.052\lambda_c)$	9.29	0.054
	实验	—	$(0.029\lambda_c, 0.11\lambda_c)$	21.96	0.127

续表

成像方法		R-PIM 源中心位置	成像定位估计位置	绝对误差/mm	相对误差(λ_c)
OTSF-MUSIC	仿真	—	$(0.151\lambda_c,\ 0.087\lambda_c)$	13.49	0.078
	实验	—	$(0.029\lambda_c,\ 0.052\lambda_c)$	16.17	0.094

在全波仿真数据的应用中，成像定位误差较小，精度相对较高。其中，DORTT 和 TTRO-MUSIC 的成像定位绝对误差和相对误差分别为 11.18 mm 和 $0.065\lambda_c$，而 MCTR-MUSIC 由于多频伪谱级联相乘降低了非 R-PIM 源目标位置的成像伪谱，使得成像定位绝对误差和相对误差分别降低至 9.29 mm 和 $0.054\lambda_c$，OTSF-MUSIC 的成像定位绝对误差和相对误差分别为 13.49 mm 和 $0.078\lambda_c$。

在真实实验数据的应用中，成像定位误差有所提升。其中，DORTT 和 TTRO-MUSIC 的 22.05 mm 和 $0.128\lambda_c$，MCTR-MUSIC 的成像定位绝对误差和相对误差分别为 21.96 mm 和 $0.127\lambda_c$，OTSF-MUSIC 的成像定位绝对误差和相对误差分别为 16.17 mm 和 $0.094\lambda_c$。

全波仿真数据应用中的最大相对误差小于 $0.08\lambda_c$，从理论上充分验证了 DORTT、TTRO-MUSIC、MCTR-MUSIC 及 OTSF-MUSIC 成像方法在 R-PIM 源目标定位中的有效性，也初步验证了这些成像方法原理的准确性。在真实实验数据应用中的最大相对误差小于 $0.13\lambda_c$，进一步验证了 DORTT、TTRO-MUSIC、MCTR-MUSIC 及 OTSF-MUSIC 成像方法在 R-PIM 源目标定位中的可行性。

6.4 本章小结

本章从原理上验证了第三章、第四章和第五章所述成像方法在 R-PIM

源定位应用中的可行性。根据建立的模拟 R-PIM 源放置于半封闭金属腔体内的成像定位实验系统，对比分析了差异模型的失配传输矩阵和准确模型的匹配传输矩阵的成像定位性能。失配传输矩阵使得在非 R-PIM 源目标处形成高成像伪谱分布，而匹配传输矩阵使得在非 R-PIM 源目标处形成更低乃至为零的成像伪谱分布。进一步对比分析了全波仿真和真实实验数据应用的成像定位精度，利用 5 个 TRM 阵列单元在全波仿真数据应用中实现了最大相对误差小于 $0.08\lambda_c$，在真实实验数据应用中实现了最大相对误差小于 $0.13\lambda_c$，初步验证了在第三章、第四章和第五章提出的成像方法在 R-PIM 源定位应用中的原理准确性。

130

第七章

总结与展望

7.1 研究总结

随着相控阵在 5G 和 6G 通信技术中的拓展应用，相控阵中 R-PIM 源已成为限制现代无线通信系统进一步发展的重要因素。本书以相控阵天线中的 R-PIM 源为研究对象，针对传统和现有的时间反演成像方法存在的不足，分别从基础理论、核心算法、成像性能及定位实验等方面展开了基于新型时间反演成像的 R-PIM 源定位方法研究。具体研究内容总结如下。

（1）针对电磁复杂环境中的成像"脏图"导致的定位失准问题，本书提出了一种基于多频伪谱级联的 MCTR-MUSIC 成像方法。其基本思想是即使在噪声、多散射及失配传输矩阵的电磁环境中，每一频点的成像伪谱分布图也在 R-PIM 源目标位置存在较大的成像伪谱值，将其归一化并级联相乘，突出了 R-PIM 源目标处的成像伪谱值，同时抑制了非 R-PIM 源目标处的高伪谱值与成像伪峰，实现了"清洁"成像的 R-PIM 源定位。除此之外，MCTR-MUSIC 中 WCF 优化频点和最优噪声向量相对传统多频 UWB-TR-MUSIC 具有更低计算复杂度的特点。通过数值仿真讨论验证了 MCTR-MUSIC 成像方法在 R-PIM 源精准定位的有效性。

（2）针对时间反演算子 SVD 分解导致高计算复杂度的问题。在大阵列应用中，SVD 分解的计算复杂度呈非线性快速增长，本书提出了一种基于 TTRO 分解和估计的子空间成像方法。其中，TTRO 分解子空间成像的基本思想是通过截取时间反演算子的部分列数据构建 TTRO 矩阵，并对其进行 QRD 分解从而获取正交基，用以构造信号子空间和噪声子空间；TTRO 估计子空间成像的基本思想是推导 TTRO 相关矩阵与 R-PIM 源目标传输向量的正交性方程，从而利用最小二乘法估计该相关矩阵，即为噪声子空间。TTRO 分解和估计的子空间成像极大地减少了 SVD 分解导致的高计算复杂度与运行耗时。通过数值仿真讨论验证了 TTRO 分解和估计的子空间成像方法在 R-PIM 源快速定位的有效性，同时也能拓展至多频的 MCTR-MUSIC 成像方法中，具有一定的适用广泛性。

（3）针对实际应用中单静态数据无法分离多 R-PIM 源独立空间信息，从而导致其成像定位失效的问题，本书在上述研究基础上，进一步提出基于 OTSF 的单静态数据估计子空间成像方法。该方法通过欧几里得范数的评估求解出最优截断 SF-MDM 数据，即 OTSF 矩阵，并利用线性传播算子估计出 OTSF 的噪声子空间，进而用于 OTSF-MUSIC 的成像函数中，有效地实现了单静态数据在多 R-PIM 源成像定位中的应用。同时，大阵列单元数和密集采样频点数分别对应了 SF-MDM 矩阵中的行和列，OTSF-MUSIC 成像方法还能极大地减少在 SF-MDM 分解中高计算复杂度与运行耗时。通过数值仿真讨论验证了 OTSF-MUSIC 成像方法在多 R-PIM 源定位中的有效性。

（4）搭建模拟 R-PIM 源的成像定位系统及其全波仿真模型，通过全波仿真及真实实验进一步验证了本书提出的成像方法在 R-PIM 源定位的可行性和有效性。

7.2 研究展望

本书主要围绕相控阵中 R-PIM 源的成像定位方法展开研究，尽管已提

出具有一定有效性和可行性的成像方法，但在基础理论和实验验证等方面仍存在一些不足，可在以下三方面展开更为深入细致的研究。

（1）本书以套筒天线模拟 R-PIM 源的成像定位实验展开研究。依然已通过实验从原理上验证了所提出成像方法在 R-PIM 源定位中的有效性与可行性，但本书只展开了单个 R-PIM 源的成像定位实验验证，缺乏多个 R-PIM 源的成像定位的可行性验证与分析；另外，本书中的 R-PIM 源成像定位实验以天线模拟 R-PIM 源，尺寸较大。针对更为真实的 R-PIM 源定位，一方面，从最真实、最贴近实际应用的 R-PIM 源的产生原理出发，通过金属表皮的凹陷突起等物理形变或具有其他非线性特性的地方构建真实的 R-PIM 源；另一方面，结合产生 R-PIM 源的基本电路模型，模拟等效 R-PIM 源的小型化辐射结构，更有利于评估本文中所提出的新型时间反演成像定位算法的超分辨和精准性等性能。因此，未来可根据上述展望开展多个随机分布或紧邻分布的真实 R-PIM 源在干扰环境下的成像定位实验研究。

（2）在 R-PIM 源成像定位实验研究中，非解析式的观测成像区域与 TRM 阵列的传输矩阵一般常在全波仿真软件中获得，但在面向实际 R-PIM 源的成像定位中，其对准确度要求与实际模型的匹配程度要求较高，难度较大，需要进一步展开非完美匹配传输矩阵在 R-PIM 源成像定位中的优化研究。

（3）本书中所涉及的成像定位方法仅在子空间的分解或估计中实现了计算复杂度的降低，但其均需要在观测成像区域进行遍历式搜索。当二维网格较密或拓展至三维观测成像空间时，搜索的计算复杂度也随之提高。因此在未来的工作中，还可进一步展开基于低维搜索或目标位置直接求解的 R-PIM 源三维成像定位研究。

参考文献

［1］AHMMED T, KIAYANI A, SHUBAIR R M, et al. Overview of passive intermodulation in modern wireless networks: concepts and cancellation techniques ［J］. IEEE Access, 2023, 11: 128337-128353.

［2］ZHU C, CHEN Z, ZHANG B, et al. Testing of passive intermodulation based on an ultrawideband dual-carrier nulling［J］. IEEE Transactions on Microwave Theory and Techniques, 2022, 70(8): 4017-4025.

［3］SMACCHIA D, SOTO P, BORIA V E, et al. Advanced compact setups for passive intermodulation measurements of satellite hardware ［J］. IEEE Transactions on Microwave Theory and Techniques, 2018, 66(2): 700-710.

［4］BI L, GAO J, FLOWERS G T, et al. Impact of multiple insertions and withdrawals, and vibration on passive intermodulation in coaxial connectors［J］. IEEE Transactions on Microwave Theory and Techniques, 2023, 71(2): 488-499.

［5］KOZLOV D S, SHITVOV A P, SCHUCHINSKY A G, et al. Passive intermodulation of analog and digital signals on transmission lineswith distributed nonlinearities: modelling and characterization ［J］. IEEE Transactions on Microwave Theory and Techniques, 2016, 64(5): 1383-1395.

［6］GAO Y, LI E, ZHENG H, et al. Effect of contact resistance of passive intermodulation distortion in microstrip lines ［C］. 2016 IEEEMTT-S International Microwave Workshop Series on Advanced Materials and Processes for RF and THzApplications (IMWS-AMP), Chengdu, 2016: 1-3.

［7］CAO Z, CAI Y, ZHAO X, et al. Passive intermodulation on microstrip induced by microstructured edge［J］. IEEE Transactions on Microwave Theory and Techniques,

2024, 72(3): 1489-1502.

[8] KUWATA M, KUGA N. Non-contact PIM-measurement for array antenna using open-stub extension [C]. 2020 International Symposium on Antennas and Propagation (ISAP), Osaka, Japan, 2021: 399-400.

[9] ANIKTAR H. Passive intermodulation effect on antennas and passive components [C]. 2020 XXIX International Scientific Conference Electronics (ET), Sozopol, Bulgaria, 2020: 1-3.

[10] SOMBRIN J. Higher dynamic measurement of antenna passive intermodulation products, using ray optics [C]. 2016 10th European Conference on Antennas and Propagation (EuCAP), Davos, Switzerland, 2016: 1-3.

[11] LI Y, BAI H, CUI W, et al. Anovel simulation method of passive intermodulation in electrically large-size reflector antennas [C]. 2018 IEEE International Symposium on Electromagnetic Compatibility and 2018 IEEE Asia-Pacific Symposium on Electromagnetic Compatibility (EMC/APEMC), Suntec City, Singapore, 2018: 610-613.

[12] FINK M. Time reversal of ultrasonic fields. I. basic principles [J]. IEEE Transactions on Ultrasonics, Ferroelectrics, and Frequency Control, 1992, 39(5): 555-566.

[13] MA M, XU S, JIANG J. A distributed gradient descent method for node localization on large-scale wireless sensor network [J]. IEEE Journal on Miniaturization for Air and Space Systems, 2023, 4(2): 114-121.

[14] BHAT S J, SANTHOSH K V. A method for fault tolerant localization of heterogeneous wireless sensor networks [J]. IEEE Access, 2021, 9: 37054-37063.

[15] WANG J, CHENG L, TU Y, et al. A novel localization approach for irregular wireless sensor networks based on anchor segmentation [J]. IEEE Sensors Journal, 2022, 22(7): 7267-7276.

[16] ZHOU B, SO H C, Mumtaz S. Effect of signal propagation model calibration on localization performance limits for wireless sensor networks [J]. IEEE Transactions on Wireless Communications, 2021, 20(5): 3254-3268.

[17] ANNEPU V, SONA D R, Ravikumar C V, et al. Review on unmanned aerial vehicle assisted sensor node localization in wireless networks: soft computing

approaches[J]. IEEE Access, 2022, 10: 132875-132894.

[18] SIVASAKTHISELVAN S, NAGARAJAN V. Localization techniques of wireless sensor networks: a review[C]. 2020 International Conference on Communication and Signal Processing (ICCSP), Chennai, India, 2020: 1643-1648.

[19] HE D, PEI L, CHEN X, et al. A novel wireless localization approach using twice receiving array spectra fusions and ASSR networks [J]. IEEE Transactions on Communications, 2021, 69(4): 2628-2642.

[20] SHI Y, YU X, LIU L, et al. Accurate 3-DoF camera geo-localization via ground-to-satellite image matching[J]. IEEE Transactions on Pattern Analysis and Machine Intelligence, 2023, 45(3): 2682-2697.

[21] WANG W, CHEN T, DING R, et al. Location-based timing advance estimation for 5G integrated LEO satellite communications[J]. IEEE Transactions on Vehicular Technology, 2021, 70(6): 6002-6017.

[22] MOHAMADHASHIM I S, AL-HOURANI A, RISTIC B. Satellite localization of IoT devices using signal strength and doppler measurements [J]. IEEE Wireless Communications Letters, 2022, 11(9): 1910-1914.

[23] HAO B, AN D, WANG L, et al. A new passive localization method of the interference source for satellite communications[C]. 2017 9th International Conference on Wireless Communications and Signal Processing (WCSP), Nanjing, China, 2017: 1-6.

[24] SHUAI H, ZHU S, LI C. Modeling and error accuracy analysis of three satellite interference source location system by low and high orbit [C]. 2019 IEEE 9th International Conference on Electronics Information and Emergency Communication (ICEIEC), Beijing, China, 2019: 1-7.

[25] TING S, YONG G. TDOA estimation of dual-satellites interference localization based on blind separation[J]. Journal of Systems Engineering and Electronics, 2019, 30 (4): 696-702.

[26] YIN L, XIE H, LUO Y, SU Z. An integration method for calibration and positioning of space-based external radiation sources[C]. 2023 3rd International Conference on

Neural Networks, Information and Communication Engineering(NNICE), Guangzhou, China, 2023: 291-298.

[27] LIU R, YANG Z, CHEN Q, et al. GNSS multi-interference source centroid location based on clustering centroid convergence[J]. IEEE Access, 2021, 9: 108452-108465.

[28] KUMCHAISEEMAK N, CHATNUNTAWECH I, TEERAPITTAYANON S, et al. Toward ant-sized moving object localization using deep learning in FMCW radar: a pilot study [J]. IEEE Transactions on Geoscience and Remote Sensing, 2022, 60: 5112510.

[29] ZHANG Y, HUANG Y, ZHANG Y, et al. High-throughput hyperparameter-free sparse source location for massive TDM-MIMO radar: Algorithm and FPGA implementation[J]. IEEE Transactions on Geoscience and Remote Sensing, 2023, 61: 5110014.

[30] QIN Z, WANG J, WEI S. An efficient localization method using bistatic range and AOA measurements in multistatic radar[C]. 2018 IEEE Radar Conference (RadarConf18), Oklahoma City, OK, USA, 2018: 0411-0416.

[31] FENG Q, PAN B, HAN L, et al. Microseismic source location estimation using reverse double-difference time imaging[J]. IEEE Access, 2021, 9: 66032-66042.

[32] LI F, BAI T, NAKATA N, et al. Efficient seismic source localization using simplified gaussian beam time reversal imaging[J]. IEEE Transactions on Geoscience and Remote Sensing, 2020, 58(6): 4472-4478.

[33] XU P, LU W, WANG B. Automatic source localization and attenuation of seismic interference noise using density-based clustering method[J]. IEEE Transactions on Geoscience and Remote Sensing, 2019, 57 (7): 4612-4623.

[34] PANG C, CHEN J, MA L, et al. A method for micro-seismic source location based on principal component analysis and spatial discrete detection[C]. 2023 IEEE 7th Information Technology and Mechatronics Engineering Conference (ITOEC), Chongqing, China, 2023: 92-96.

[35] SONG T H, WEI X C, JU J J, et al. An effective EMI source reconstruction method based on phaseless near-field and dynamic differential evolution[J]. IEEE Transactions

on Electromagnetic Compatibility, 2022, 64(5):1506-1513.

[36]SONG T H, WEI X C, TANG Z Y, et al. Broadband radiation source reconstruction based on phaseless magnetic near-field scanning[J]. IEEE Antennas and Wireless Propagation Letters, 2021, 20(1):113-117.

[37]DING L, WEI X C, TANG Z Y, et al. Near-field scanning based shielding effectiveness analysis of system in package[J]. IEEE Transactions on Components, Packaging and Manufacturing Technology, 2021, 11(8):1235-1242.

[38]SHI D, WANG N, ZHANG F, et al. Intelligent electromagnetic compatibility diagnosis and management with collective knowledge graphs and machine learning [J]. IEEE Transactions on Electromagnetic Compatibility, 2021, 63(2):443-453.

[39]YAO J, WANG S, ZHAO H. Measurement techniques of common mode currents, voltages, and impedances in a flyback converter for radiated EMI diagnosis[J]. IEEE Transactions on Electromagnetic Compatibility, 2019, 61(6):1997-2005.

[40]RAHMAN M A, PAZOUKI E, SOZER Y, et al. Fault detection of switch mode power converters based on radiated EMI analysis[C]. 2019 IEEE Energy Conversion Congress and Exposition(ECCE), Baltimore, MD, USA, 2019:2968-2972.

[41]WANG L, ZHONG Y, CHEN L, et al. Radiation diagnosis of PCBs and ICs using array probes and phaseless inverse source method with a joint regularization[J]. IEEE Transactions on Microwave Theory and Techniques, 2022, 70(2):1442-1453.

[42]丁力. 基于近场扫描的电磁干扰诊断[D]. 杭州：浙江大学, 2022.

[43]YANG J, ZHONG X, CHEN W, et al. Multiple acoustic source localization in microphone array networks[J]. IEEE/ACM Transactions on Audio, Speech, and Language Processing, 2020, 29:334-347.

[44]WANG W, LI J, HE Y, et al. Localizing multiple acoustic sources with a single microphone array[J]. IEEE Transactions on Mobile Computing, 2023, 22(10):5963-5977.

[45]WANG H, LIU J, XU F, et al. 3-D sound source localization with a ternary microphone array based on TDOA-ILD algorithm[J]. IEEE Sensors Journal, 2022,

22(20): 19826-19834.

[46]EVERS C, LÖLLMANN H W, MELLMANN H, et al. The LOCATA challenge: Acoustic source localization and tracking[J]. IEEE/ACM Transactions on Audio, Speech, and Language Processing, 2020, 28: 1620-1643.

[47]SUN Y, CHEN J, YUEN C, et al. Indoor sound source localization with probabilistic neural network[J]. IEEE Transactions on Industrial Electronics, 2018, 65(8): 6403-6413.

[48]POLITIS A, MESAROS A, ADAVANNE S T, et al. Overview and evaluation of sound event localization and detection in DCASE 2019[J]. IEEE/ACM Transactions on Audio, Speech, and Language Processing, 2021, 29: 684-698.

[49]JIN J, HUANG G, WANG X, et al. Steering study of linear differential microphone arrays[J]. IEEE/ACM Transactions on Audio, Speech, and Language Processing, 2021, 29: 158-170.

[50]CHU N, NING Y, YU L, et al. A fast and robust localization method for low-frequency acoustic source: variational bayesian inference based on nonsynchronous array measurements[J]. IEEE Transactions on Instrumentation and Measurement, 2021, 70: 2504718.

[51]LEE S Y, CHANG J, LEE S. Deep learning-enabled high-resolution and fast sound source localization in spherical microphone array system[J]. IEEE Transactions on Instrumentation and Measurement, 2022, 71: 2506112.

[52]CHOI J W, ZOTTER F, JO B, et al. Multiarray eigenbeam-ESPRIT for 3D sound source localization with multiple spherical microphone arrays[J]. IEEE/ACM Transactions on Audio, Speech, and Language Processing, 2022, 30: 2310-2325.

[53]KUMARI D, KUMAR L. S^2H domain processing for acoustic source localization and beamforming using microphone array on spherical sector[J]. IEEE Transactions on Signal Processing, 2021, 69: 1983-1994.

[54]AN I, KWON Y, YOON S. Diffraction-and reflection-aware multiple sound source localization[J]. IEEE Transactions on Robotics, 2022, 38(3): 1925-1944.

［55］QIU Y, LI B, HUANG J, et al. An analytical method for 3-D sound source localization based on a five-element microphone array［J］. IEEE Transactions on Instrumentation and Measurement, 2022, 71: 7504314.

［56］DELCOURT M, BOUDEC J Y L. TDOA source-localization technique robust to time-synchronization attacks［J］. IEEE Transactions on Information Forensics and Security, 2021, 16: 4249-4264.

［57］PINE K C, PINE S, CHENEY M. The geometry of far-field passive source localization with TDOA and FDOA［J］. IEEE Transactions on Aerospace and Electronic Systems, 2021, 57(6): 3782-3790.

［58］MA F, LIU Z M, GUO F, et al. Joint TDOA and FDOA estimation for interleaved pulse trains from multiple pulse radiation sources［J］. IEEE Transactions on Aerospace and Electronic Systems, 2020, 56(5): 4099-4111.

［59］ZHANG B, HU Y, WANG H, et al. Underwater source localization using TDOA and FDOA measurements with unknown propagation speed and sensor parameter errors［J］. IEEE Access, 2018, 6: 36645-36661.

［60］WU F, THOMAS J L, FINK M. Time reversal of ultrasonic fields. II. Experimental results［J］. IEEE Transactions on Ultrasonics, Ferroelectrics, and Frequency Control, 1992, 39(5): 567-578.

［61］THOMAS J L, FINK M A. Ultrasonic beam focusing through tissue inhomogeneities with a time reversal mirror: application to transskull therapy［J］. IEEE Transactions on Ultrasonics, Ferroelectrics, and Frequency Control, 1996, 43(6): 1122-1129.

［62］EDELMANN G F, AKAL T, HODGKISS W S, et al. An initial demonstration of underwater acoustic communication using time reversal［J］. IEEE Journal of Oceanic Engineering, 2002, 27(3): 602-609.

［63］EDELMANN G F, SONG H C, KIM S, et al. Underwater acoustic communications using time reversal［J］. IEEE Journal of Oceanic Engineering, 2005, 30(4): 852-864.

［64］SONG H C, HODGKISS W S, KUPERMAN W A, et al. Improvement of time-

reversal communications using adaptive channel equalizers[J]. IEEE Journal of Oceanic Engineering, 2006, 31(2):487-496.

[65]SONG H C. An overview of underwater time-reversal communication [J]. IEEE Journal of Oceanic Engineering, 2016, 41(3):644-655.

[66]BOZZI F A, JESUS S M. Joint vector sensor beam steering and passive time reversal for underwater acoustic communications[J]. IEEE Access, 2022, 10:66952-66960.

[67]YU Z B, ZHAO H F, GONG X Y, et al. Time-reversal mirror-virtual source array method for acoustic imaging of proud and buried targets[J]. IEEE Journal of Oceanic Engineering, 2016, 41(2):382-394.

[68]LIU K W. Detection of underwater sound source using time reversal mirror[C]. 2019 IEEE Underwater Technology(UT), 2019:1-5.

[69]QIU R C, ZHOU C, GUO N, et al. Time reversal with MISO for ultrawideband communications: experimental results[J]. IEEE Antennas and Wireless Propagation Letters, 2006, 5:269-273.

[70]LIU J, ZHAO D, WANG B Z, et al. Time-reversal method for coexistence between ultrawideband radios and IEEE 802.11a systems [J]. IEEE Transactions on Electromagnetic Compatibility, 2011, 53(4):1065-1071.

[71]DING S, GUPTA S, ZANG R, et al. Enhancement of time-reversal subwavelength wireless transmission using pulse shaping[J]. IEEE Transactions on Antennas and Propagation, 2015, 63(9):4169-4174.

[72]WANG Z, WANG B Z, ZHAO D, et al. Full analog broadband time-reversal module for ultra-wideband communication system [J]. IEEE Photonics Journal, 2019, 11(5):5502810.

[73]LIU X, WANG B Z, LI L W. Tradeoff of transmitted power in time-reversed impulse radio ultrawideband communications[J]. IEEE Antennas and Wireless Propagation Letters, 2009, 8:1426-1429.

[74]LIU X, WANG B Z, XIAO S, et al. Post-time-reversed MIMO ultrawideband

transmission scheme[J]. IEEE Transactions on Antennas and Propagation, 2010, 58(5): 1731-1738.

[75] LEI W, LIU X, LEI H, et al. TR pre-filter design for channel shortening in MISO-OFDM systems[J]. IEEE Communications Letters, 2024, 28(1): 198-202.

[76] RODRIGUEZ-GALáN F, BANDARA A, SANTANA DEP, et al. Collective communication patterns using time-reversal terahertz links at the chip scale[C]. GLOBECOM 2023-2023 IEEE Global Communications Conference, Kuala Lumpur, Malaysia, 2023: 5098-5103.

[77] IBRAHIM R, VOYER D, BRÉARD A, et al. Experiments of time-reversed pulse waves for wireless power transmission in an indoor environment[J]. IEEE Transactions on Microwave Theory and Techniques, 2016, 64(7): 2159-2170.

[78] CHENG Z H, LI T, HU L, et al. Selectively powering multiple small-size devices spaced at diffraction limited distance with point-focused electromagnetic waves[J]. IEEE Transactions on Industrial Electronics, 2022, 69(12): 13696-13705.

[79] CANGIALOSI F, GROVER T, HEALEY P, et al. Time reversed electromagnetic wave propagation as a novel method of wireless power transfer[C]. 2016 IEEE Wireless Power Transfer Conference (WPTC), Aveiro, Portugal, 2016: 1-4.

[80] HU L, PARRON J, PACO P, et al. 360°-beam-steering low-sidelobe time reversal microwavepower transfer by superposition of multiple weighted radiation modes[J]. IEEE Antennas and Wireless Propagation Letters, 2024, 23(3): 1134-1138.

[81] HU L, MA X, YANG G, et al. Auto-tracking time reversal wireless power transfer system with a low-profile planar RF-channel cascaded transmitter[J]. IEEE Transactions on Industrial Electronics, 2023, 70(4): 4245-4255.

[82] YANG Z, ZHAO D, BAO J, et al. Asynchronous focusing time reversal wireless power transfer for multi-users with equal received power assignment[J]. IEEE Access, 2021, 9: 150744-150752.

[83] PARK H S, HONG S K. Investigation of time-reversal based far-field wireless power transfer from antenna array in a complex environment[J]. IEEE Access, 2020, 8: 66517-66528.

[84] LIU X F, WANG B Z, XIAO S. Electromagnetic subsurface detection using subspace

signal processing and half-space dyadic Green's function〔J〕. Progress In Electromagnetics Research-pier, 2009, 98: 315-331.

〔85〕ARTMAN B, PODLADTCHIKOV I, WITTEN B. Source location using time-reverse imaging〔J〕. Geophysical Prospecting, 2010, 58(5): 861-873.

〔86〕LARMAT C, MONTAGNER J P, FINK M, et al. Time-reversal imaging of seismic sources and application to the great sumatra earthquake〔J〕. Geophysical Research Letters, 2006, 33: L19312.

〔87〕LI F, BAI T, NAKATA N, et al. Efficient seismic source localization using simplified gaussian beam time reversal imaging〔J〕. IEEE Transactions on Geoscience and Remote Sensing, 2020, 58(6): 4472-4478.

〔88〕NAKATA N, BEROZA G C. Reverse-time migration for microseismic sources using the geometric mean as an imaging condition〔J〕. Geophysics, 2016, 81(2): 51-60.

〔89〕WU B, GAO Y, LAVIADA J, et al. Time-reversal SAR imaging for nondestructive testing of circular and cylindrical multilayered dielectric structures〔J〕. IEEE Transactions on Instrumentation and Measurement, 2020, 69(5): 2057-2066.

〔90〕AN K, LI C, DING J. Nondestructive testing of composite materials based on microwave time reversal algorithm〔C〕. 2023 International Conference on Microwave and Millimeter Wave Technology (ICMMT), Qingdao, China, 2023: 1-2.

〔91〕CHAKROUN N, FINK M, WU F. Ultrasonic nondestructive testing with time reversal mirrors〔C〕. IEEE 1992 Ultrasonics Symposium Proceedings, Tucson, AZ, USA, 1992: 809-814.

〔92〕KOSMAS P, RAPPAPORT C M. Time reversal with the FDTD method for microwave breast cancer detection〔J〕. IEEE Transactions on Microwave Theory and Techniques, 2005, 53(7): 2317-2323.

〔93〕KOSMAS P, RAPPAPORT C M. FDTD-based time reversal for microwave breast cancer Detection-localization in three dimensions〔J〕. IEEE Transactions on Microwave Theory and Techniques, 2006, 54(4): 1921-1927.

〔94〕KOSMAS P, RAPPAPORT C M. A matched-filter FDTD-based time reversal approach for microwave breast cancer detection[J]. IEEE Transactions on Antennas and Propagation, 2006, 54(4):1257-1264.

[95]MUKHERJEE S, UDPA L, UDPA S, et al. A time reversal-based microwave imaging system for detection of breast tumors[J]. IEEE Transactions on Microwave Theory and Techniques, 2019, 67(5):2062-2075.

[96]LI J, CAI J, CHEN Z D, et al. A time-reversal method for time-harmonic electromagnetic source reconstruction[J]. IEEE Antennasand Wireless Propagation Letters, 2023, 22(12):2911-2914.

[97]CAI J, LI J, CHEN Z D, et al. The time-reversal method for source reconstructions within a metallic cavity: An experimental validation[J]. IEEE Antennas and Wireless Propagation Letters, 2024, 23(1):444-448.

[98]LEROSEY G, DE ROSNY J, TOURIN A, et al. Time reversal of electromagnetic waves[J]. Physical Review Letters, 2004, 92(19):193904.

[99]CARMINATI R, PIERRAT R, DE ROSNY J, et al. Theory of the time reversal cavity for electromagnetic fields[J]. Optics Letters, 2007, 32(21):3107-3109.

[100]AUYEUNG J, FEKETE D, PEPPER D, et al. A theoretical and experimental investigation of the modes ofoptical resonators with phase-conjugate mirrors[J]. IEEE Journal of Quantum Electronics, 1979, 15(10):1180-1188.

[101]ISHIMARU A. Electromagnetic wave propagation, radiation, and scattering: from fundamentals to applications[M]. New York: Wiley-IEEE Press, 2017:723-742.

[102]CHEN X. Computational methods for electromagnetic inverse scattering[M]. New York: Wiley-IEEE Press, 2017:41-66.

[103]LIU D, KANG G, LI L, et al. Electromagnetic time-reversal imaging of a target in a cluttered environment[J]. IEEE Transactions on Antennas and Propagation, 2005, 53(9):3058-3066.

[104]LIU D, KROLIK J, CARIN L. Electromagnetic target detection in uncertain media: time-reversal and minimum-variance algorithms[J]. IEEE Transactions on Geoscience and Remote Sensing, 2007, 45(4):934-944.

[105]LIU D, VASUDEVAN S, KROLIK J, et al. Electromagnetic time-reversal source

localization in changing media: experiment and analysis[J]. IEEE Transactions on Antennas and Propagation, 2007, 55(2): 344-354.

[106] PRADA C, THOMAS J L, FINK M. The iterative time reversal process: analysis of the convergence[J]. Journal of the Acoustical Society of America, 1995, 97(1): 62-71.

[107] MONTALDO G, TANTER M, FINK M. Real time inverse filter focusing through iterative time reversal[J]. Journal of the Acoustical Society of America, 2004, 115(2): 768-775.

[108] KIM J, CHENEY M, MOKOLE E. Tuning to resonances with iterative time reversal [J]. IEEE Transactions on Antennas and Propagation, 2016, 64(10): 4343-4354.

[109] MOURA J M F, JIN Y. Time reversal imaging by adaptive interference canceling [J]. IEEE Transactions on Signal Processing, 2008, 56(1): 233-247.

[110] LI Y, XIA M. Time reversal imaging based on synchronism[J]. IEEE Antennas and Wireless Propagation Letters, 2017, 16: 2058-2061.

[111] LI Y Q, XIA M Y. Time reversal imaging of 3-D objects based on time focusing conception[C]. 2015 Asia-Pacific MicrowaveConference (APMC), Nanjing, China, 2015, pp. 1-3.

[112] LI Y Q, XIA M Y. Target location based on time focusing of time-reversal retransmitting signals[C]. 2015 IEEE International Geoscience and Remote Sensing Symposium (IGARSS), Milan, Italy, 2015: 3149-3151.

[113] MU T, SONG Y. Microwave imaging based on time reversal mirror for multiple targets detection [J]. Applied Computational Electromagnetics Society Journal, 2018, 33(11): 1250-1258.

[114] GONG Z S, WANG B Z, YANG Y, et al. Far-field super-resolution imaging of scatterers with a time-reversal system aided by a grating plate[J]. IEEE Photonics Journal, 2017, 9(1): 6900108.

[115] WANG K, SHAO W, OU H, et al. Time-reversal focusing beyond the diffraction

limit using near-field auxiliary sources [J]. IEEE Antennas and Wireless Propagation Letters, 2017, 16: 2828-2831.

[116] LI B, HU B J. Time reversal based on noise suppression imaging method by using few echo signals[J]. IEEE Antennasand Wireless Propagation Letters, 2015, 14: 12-15.

[117] GAO W, ZHANG G, LI H, et al. A novel time reversal sub-group imaging method with noise suppression for damage detection of plate-like structures[J]. Structural Control & Health Monitoring. 2018, 25(3): 2111.

[118] ZHANG Z, CHEN B, YANG M. Moving target detection based on time reversal in a multipath environment [J]. IEEE Transactions on Aerospace and Electronic Systems, 2021, 57(5): 3221-3236.

[119] PRADA C, MANNEVILLE S, SPOLIANSKY D, et al. Decomposition of the time reversal operator: detection and selective focusing on two scatterers[J]. Journal of the Acoustical Society of America, 1996, 99(4): 2067-2076.

[120] LIU X F, WANG B Z, LI J L W. Transmitting-mode time reversal imaging using MUSIC algorithm for surveillance in wireless sensor network[J]. IEEE Transactions on Antennas and Propagation, 2011, 60(1): 220-230.

[121] YAVUZ M E, TEIXEIRA F L. On the sensitivity of time-reversal imaging techniques to model perturbations [J]. IEEE Transactions on Antennas and Propagation, 2008, 56(3): 834-843.

[122] BERRYMAN J G, BORCEA L, PAPANICOLAOU G C, et al. Statistically stable ultrasonic imaging in random media[J]. The Journal of the Acoustical Society of America, 2002, 112(4): 1509-1522.

[123] XANTHOS L, YAVUZ M E, HIMENO R, et al. Resolution enhancement of UWB time-reversal microwave imaging in dispersive environments[J]. IEEE Transactions on Computational Imaging, 2021, 7: 925-934.

[124] YAVUZ M E, TEIXEIRA F L. Full time-domain DORT for ultrawideband electromagnetic fields in dispersive, random inhomogeneous media [J]. IEEE Transactions on Antennas and Propagation, 2006, 54(8): 2305-2315.

[125] DEVANEY A J. Time reversal imaging of obscured targets from multistatic data[J].

IEEE Transactions on Antennas and Propagation, 2005, 53(5): 1600-1610.

[126] LEV-ARI H, DEVANEY A J. The time-reversal technique re-interpreted: subspace-based signal processing for multi-static target location[C]. Proceedings of the 2000 IEEE Sensor Array and Multichannel Signal Processing Workshop, Cambridge, MA, USA, 2000: 509-513.

[127] HOSSAIN M D, MOHAN A S, ABEDIN M J. Beamspace time-reversal microwave imaging for breast cancer detection[J]. IEEE Antennas and Wireless Propagation Letters, 2013, 12: 241-244.

[128] CHENG C, LIU S, ZHANG Y. Robust and low-complexity time-reversal subspace decomposition methods for acoustic emission imaging and localization[J]. IEEE Sensors Journal, 2021, 21(3): 3486-3496.

[129] SCHOLZ B. Towards virtual electrical breast biopsy: space-frequency MUSIC for trans-admittance data[J]. IEEE Transactions on Medical Imaging, 2002, 21(6): 588-595.

[130] YAVUZ M E, TEIXEIRA F L. Space-frequency ultrawideband time-reversal imaging [J]. IEEE Transactions on Geoscience and Remote Sensing, 2008, 46(4): 1115-1124.

[131] BAHRAMI S, CHELDAVI A, ABDOLALI A. Ultrawideband time-reversal imaging with frequency domain sampling[J]. IEEE Geoscience and Remote Sensing Letters, 2014, 11(3): 597-601.

[132] ZHONG X, LIAO C, LIN W. Space-frequency decomposition and time-reversal imaging [J]. IEEE Transactions on Antennas and Propagation, 2015, 63(12): 5619-5628.

[133] HU B, CAO X, ZHANG L, et al. Weighted space-frequency time-reversal imaging for multiple targets[J]. IEEE Signal Processing Letters, 2019, 26(6): 858-862.

[134] HU B, SONG Z, ZHANG L. Fast and efficient time-reversal imaging using space-frequency propagator method[J]. IEEE Transactions on Signal Processing, 2020, 68: 2077-2086.

[135] 刘小飞. 基于电磁时间反演的高分辨率成像与自适应无线传输研究[D]. 成

都：电子科技大学，2010.

[136] BOLME D S, BEVERIDGE J R, DRAPER B A, et al. Visual object tracking using adaptive correlation filters [C]. 2010 IEEE Computer Society Conference on Computer Vision and Pattern Recognition, San Francisco, CA, USA, 2010: 2544-2550.

[137] OLIVEIRA W S, REN T I, CAVALCANTI G D C. Retinal vessel segmentation using average of synthetic exact filters and hessian matrix [C]. 2012 19th IEEE International Conference on Image Processing, Orlando, FL, USA, 2012: 2017-2020.

[138] NOOR S S M, TAHIR N M. Car plate recognition based on UMACE filter [C]. 2010 International Conference on Computer Applications and Industrial Electronics, Kuala Lumpur, Malaysia, 2010: 655-658.

[139] TUN, CAY E, CELEBI A. Implementation of MOSSE object tracking algorithm on FPGA with high level synthesis approach [C]. 2020 12th International Conference on Electrical and Electronics Engineering (ELECO), Bursa, Turkey, 2020: 241-245.

[140] CHAN T F. An improved algorithm for computing the singular value decomposition [J]. ACM Transactions on Mathematical Software, 1982, 8(1): 72-83.

[141] ZHANG Z, CHEN B, YANG M. Moving target detection based on time reversal in a multipath environment [J]. IEEE Transactions on Aerospace and Electronic Systems, 2021, 57(5): 3221-3236.

[142] GOODALL C R. Computation using the QR decomposition [J]. Handbook of Statistics, 1993, 9: 467-508.

[143] BOWEN C. A recursive complex householder transformation algorithm and its applications [C]. 2011 Fourth International Conference on Intelligent Computation Technology and Automation, Shenzhen, China, 2011: 945-948.

[144] CHANG Y, WAN Q, XIA C, et al. A method of fast extract signal subspace based on the householder transformation [C]. 2018 International Computers, Signals and Systems Conference (ICOMSSC), Dalian, China, 2018: 378-381.